Heinz-Peter Mielke

Kachelöfen selbst gebaut

Dieser Band erscheint in der Reihe

Fachwissen für Heimwerker

Helmut von Ameln	**Heizungs-Installationen** – Reparieren und Erneuern – **Sanitär-Installationen** – Reparieren und Erneuern –
Karl-Heinz Böse	**Warmwasser bereiten und Heizen mit Sonnenenergie**
Helga Brocke-Peiner	**Polstern und Aufmöbeln leicht gemacht**
Dietrich Engelhard	**Einsatz der Bohrmaschine und anderer Motorgeräte** **Holzoberflächen behandeln leicht gemacht**
Gerhard O. W. Fischer	**Autoelektronik leicht gemacht** **Modelleisenbahn- und Autobahnanlagen selbst gebaut** **Modelle fernsteuern leicht gemacht** **Diorama selbst gebaut** **Photoelektronik leicht gemacht** **Heimelektronik leicht gemacht** **Modellbauelektronik leicht gemacht**
Dr.-Ing. Bernhard Gnauck	**Kunststoffe verarbeiten (3 Bände)** ● **Gießharze und Schaumstoffe** ● **Kleben und Schweißen** ● **Spanen und Thermoformen**
Hans H. Göres	**Mauern leicht gemacht** **Eigenleistung am Haus** **Baupraxis für jedermann** **Reparaturen am Haus** **Zimmern leicht gemacht** **Altbau-Modernisierung** **Befestigungstechnik für jedermann**
Heinz Graesch	**Spielzeug aus Holz leicht gebaut** **Selbstgebaut aus edlen Hölzern**
Hans Dieter Heck	**Aquarien und Terrarien im Selbstbau**
Rudolf Horstmann	**Malern leicht gemacht** **Decken, Wände und Fußböden gestalten leicht gemacht**
Gert Lindner	**Aus Kunststoffplatten leicht gemacht** **Holzschnitzen leicht gemacht** **Holzbemalen leicht gemacht**
Peter Modlich	**CB-Funk leicht gemacht**
Peter H. und Huby Nengelken	**Trimmgeräte im Selbstbau**
Peter H. Nengelken	**Intarsien schneiden und furnieren**
Dieter Nicolay	**Elektronische Alarmanlagen**
Friedrich Pawelczak	**Ausbau von Dachgeschoß, Keller und Einraumwohnung**
Werner Prieser	**Holzverbindungen und -konstruktionen im Innenausbau**
Hans Richards	**Schlossern leicht gemacht** **Bauen und Reparieren mit Metall**
Heinrich Riedl	**Kraftfahrzeuge (3 Bände)** ● **Störfälle – Fehlerbehebung** ● **Motoren – Elektrotechnik** ● **Wartung – Pflege**
Heinz-J. Schiffer	**Bad, Dusche, Swimming-pool im Selbstbau** **Löten und Schweißen leicht gemacht** **Sauna im Selbstbau** **Haustechnik und häusliche Reparaturen** **Offene Kamine selbst gebaut**
Hermann Stockhaus	**Wohnmobil selbst ausgebaut**
Gregor Vorsmann	**Lichtorgel und elf andere Bauanleitungen**
Albert Wartenweiler	**Drechseln** **Webrahmen, Webstuhl und Spinnrad selbst gebaut**
G. B. Weber	**Tischlern leicht gemacht** **Moderne Möbel leicht gebaut**
Eduard Wiegand	**Keramische Fliesen selbst verlegt** **Fassaden verkleiden leicht gemacht** **Glasarbeiten leicht gemacht** **Gipskartonplatten verarbeiten**

Weitere Bände befinden sich in Vorbereitung

Heinz-Peter Mielke

Kachelöfen selbst gebaut

Verlagsgesellschaft Rudolf Müller · Köln-Braunsfeld

CIP-Kurztitelaufnahme der Deutschen Bibliothek

Mielke, Heinz-Peter
Kachelöfen selbst gebaut
Heinz-Peter Mielke
Köln-Braunsfeld: R. Müller 1981
(Fachwissen für Heimwerker)

ISBN 3-481-24251-4

ISBN 3-481-24251-4

Verlagsredaktion: Ingeborg Roggenbuck
Umschlaggestaltung: Hanswalter Herrbold, Leverkusen-Opladen
Druck: A. Hellendoorn, Bad Bentheim
Printed in Germany

Vorwort

Dieses Buch stellt in komprimierter Form das Ergebnis von mehr als zehn Jahren Beschäftigung mit Öfen und Ofenkacheln dar, und zwar mit den historischen Formen, der Technik ihrer Herstellung und den Glasuren. Ein Kursus über alte Kacheln und über Ofenbau, der im Rahmen des Programms der Volkshochschule Minden durchgeführt wurde, bot erst kürzlich Gelegenheit festzustellen, wie sich die Theorie in die Praxis umsetzen läßt, wobei viele neue Arbeitshilfen gefunden wurden. Bei diesem Kurs ging es mir ursprünglich darum, alte handwerkliche Techniken wiederzubeleben und Grundbegriffe ästhetischer Gestaltung zu vermitteln, die heute – wie bei vielen Dingen überhaupt – auch bei Ofenkacheln und Öfen vermißt werden.
Die große Resonanz, die nicht zuletzt auf das Interesse an alternativen Heizmöglichkeiten schlechthin zurückzuführen ist, war Anstoß dafür, die auch praktisch gewonnenen Erfahrungen in diesem Leitfaden zusammenzufassen. Denn der Kachelofen kann ganz im »Do-it-yourself«-Verfahren hergestellt werden, von der Kachel bis zum gebrauchsfertigen Ofen.
Solch ein einsatzbereiter Musterofen war auch das Ergebnis des erwähnten Kurses, der ohne tatkräftiges Mitwirken zahlreicher Teilnehmer nicht zustandegekommen wäre. Sie sind am Schluß des Buches genannt. Der Prototyp ist auf Seite 97 abgebildet. Er läßt im Design zwar noch Wünsche offen, kann sich aber – gemessen an der beruflichen Voraussetzung seiner Erbauer – durchaus sehen lassen.
Das Angebot dieses Buches beschränkt sich indessen nicht auf diesen Ofentyp, sondern enthält eine ganze Reihe von Alternativen, von Öfen aus verschiedenen Epochen bis zur einfachsten Möglichkeit, dem aus wenigen im Handel erhältlichen Elementen zusammensetzbaren Ofen.
Bei der praktischen Umsetzung des Gebotenen wird das eine schwer und das andere leicht erscheinen. Es läßt

sich aber alles durchführen. Zu allererst empfiehlt es sich, das Buch mehrmals durchzulesen. Schätzen Sie dabei Ihre Möglichkeiten richtig ein, und wählen Sie aufgrund der Kenntnis Ihrer handwerklichen Fähigkeiten den für Sie geeigneten Typ.
Sie werden anfangs freilich noch nicht die Routine besitzen, in vier oder fünf Minuten eine Kachel auszuformen. Das ist auch nicht das Ziel. Dafür werden Sie – insbesondere, wenn Sie sich mit einem Nachbarn zusammentun oder wenn Ihre Familie mithilft – einen individuellen, von Ihrer persönlichen Note geprägten Ofen erhalten, der Ihnen viel Freude bereiten wird und dem das Handwerkliche (im Gegensatz zur maschinellen Kachel) von vornherein anzusehen ist.

Minden, im März 1981

Heinz-Peter Mielke

Inhalt

Wissenswertes über Kachelöfen

Was ist das Besondere an einem Kachelofen?

Die Antwort auf diese Frage ist ziemlich leicht: Es sind die Kacheln. Je nach ihrer Form unterscheiden sie sich auch in ihrer Funktionalität. Deshalb sind hier einige Grundbemerkungen angebracht:

Je kleiner ein Ofen oder ein Heizkörper ist, desto heißer muß er sein, um eine Wohnung ausreichend zu erwärmen. Ein Beispiel hierfür ist der sogenannte Kanonenofen, den man wohl nur noch vom Erzählen her kennt. Er ist klein und zylindrisch, er wird – oder, besser gesagt, wurde – mit Koks oder Kohle beheizt, die ihn oft zum Glühen brachte. Dennoch gab es bei ihm immer wieder kalte Zonen im Raum.

Das andere Extrem stellt die Fußbodenheizung dar. Sie ist über die gesamte Grundfläche verteilt, hat folglich eine große Kontaktfläche mit der von ihr aufzuheizenden Luft und arbeitet deshalb mit Temperaturen, die nur wenige Grade über der gewünschten Raumwärme liegen.

Der Kachelofen ist in der Regel ein großformatiger Einrichtungsgegenstand, der seinen Platz fordert und deshalb nicht in einem kleinen Zimmer stehen sollte – abgesehen davon, daß er dort seine Wirkung für das Auge einbüßt. Wegen seiner Größe braucht er nicht allzu heiß zu werden. Er soll es eigentlich auch nicht, denn zu hohe Temperaturschwankungen könnten den Kacheln schaden.

Die Oberflächentemperatur der Kacheln richtet sich – wenn wir von der zugeführten Energiemenge einmal absehen – nach der Kachelstärke. Je dünnwandiger dieses Ofenelement ist, desto schneller heizt es sich auf, desto schneller gibt es auch die Hitze an die Zimmerluft weiter. Auf der anderen Seite braucht die Kachel mehr Aufheizzeit, je dickwandiger sie ist, und sie wird auch vergleichsweise nicht so heiß. Dafür ist ihre Speicherung um ein Vielfaches größer. Oft gibt sie nach Erlöschen des Ofens noch mehr als zwölf Stunden lang Wärme ab.

Es gilt daher, was die Wandstärke angeht, bei unseren Kacheln ein vernünftiges Mittelmaß zu finden.
In jedem Fall ist die Kachel ein kinderfreundliches Ofenelement: Man kann sich nicht an ihr verbrennen wie beispielsweise an konventionellen Öfen für Kohle oder Holzfeuerung. Die in diesem Buch vorgestellte Nischenkachel als Weiterentwicklung einer historischen Ausführung garantiert – wie auch die Blattkachel – durch eine dick- und eine dünnwandige Zone, daß beide wünschenswerten Komponenten, nämlich kurze Aufheizzeit und lange Speicherung, zusammen mit dem »Verbrennungsschutz« gegeben sind.
Auf eine weitere Wechselbeziehung im Energiebereich soll aufmerksam gemacht werden: Da der Kachelofen mit niedrigeren Außentemperaturen arbeitet als andere, muß seine Oberfläche größer sein, um die im Vergleich zu andern Öfen geringere Oberflächentemperatur zu kompensieren. Die Oberfläche wird noch weiter vergrößert (was wiederum eine Verkleinerung des Ofens zulassen könnte), indem man die Kachelaußenflächen durch geeignete Wölbung vergrößert. Dies ist ein altbekanntes Prinzip, es findet sich bereits bei den frühesten Kacheln, den Töpfen, bei Topf-, Schüssel- und Nischenkacheln bis hin zu neueren Formen. Weil die äußere Oberfläche auf diese Weise größer wird, kann man die Kachel dickwandiger gestalten, wenn die Größe des Ofens gleich bleibt. Damit wird eine bessere Speicherung der Wärme erreicht.
Kachel ist also nicht gleich Kachel. Gewiß läßt sich die optimale Kachelform und -oberfläche rechnerisch ermitteln, doch soll dieser Leitfaden nicht allzu kompliziert werden, so daß auf technische Funktionskurven hier verzichtet wird. Wie immer Sie Ihren Ofen gestalten – Sie sollten bei den Kacheln auch stets an den Schmuckcharakter Ihrer Heizstätte denken. Das steht manchmal mit technischen Anforderungen in Konkurrenz.
Eines sollte noch erwähnt werden: Da der Kachelofen mit relativ niedrigen Oberflächentemperaturen auskommt, er also mehr mit Strahlenwärme als mit Wärmezirkulation arbeitet, wirbelt er auch nicht den Staub im Raum auf. Dies wiederum macht den Ofen für die menschlichen Atemwege so angenehm. Mehr noch: Sofern sich der Zugang zur Brennkammer und der Ofen selbst in einem

Raum befinden, saugt er wegen des Verbrennungsvorgangs durch Tür- und Fensterspalten stets Frischluft an. Damit erhöht sich insgesamt die relative Luftfeuchtigkeit in der Wohnung, die in den zentralgeheizten Räumen meist zu niedrig liegt. Der natürliche Zug des Ofens sorgt gleichfalls für eine Entstaubung der Räume. Somit trägt der Kachelofen auch zur Verbesserung der menschlichen Lebensqualität bei und bewirkt, daß das in der Wohnung verarbeitete Holz nicht austrocknet, daß keine Risse in wertvollem Mobiliar entstehen.
Es wäre schön, wenn diesen vielen Vorteilen keine Nachteile gegenüberstünden. Doch Nachteile gibt es. Sie sollen nicht verschwiegen werden. Der erste: Der Kachelofen muß mit Holz bestückt werden, damit er nicht zu heiß wird. Diese manuelle Bestückung läßt sich beim echten Kachelofen nicht vermeiden; es war der Grund, weshalb dieser Ofentyp in der Zeit nach dem Zweiten Weltkrieg in vielen Haushalten ausgemustert wurde. Das zweite ist, daß der Kachelofen eine geringfügige Gammastrahlung abgibt, die bei allen Ziegelarten und synthetischen Baustoffen unserer Zeit zu beobachten ist. Die Werte sind aber extrem niedrig. Dafür besitzen Sie mit Ihrem Kachelofen eine krisenfeste, alternative Heizmöglichkeit, zugleich ein gewichtiges Stück individueller Einrichtung. Und weil es so gewichtig ist, sollte der Standort rechtzeitig festgelegt werden.

Nicht jeder Kachelofen ist ein Kachelofen

Die meisten auf dem Markt befindlichen Kachelöfen verfügen über einen Öl-, Gas- oder Allesbrenner. Dadurch werden sie mehr oder minder wartungsfrei, aber nicht krisenfest. Was diesen Typ von einer Etagen- oder Zentralheizung im Prinzip unterscheidet, ist allein die Kachelfront, die in diesem Fall primär eine ästhetische Funktion hat. Sie ist nicht mehr als eine Fassade, hinter die die vom Brenner angesaugte Luft an den Brennelementen entlang aufsteigt, um an oben versteckt angebrachten Schlitzen wieder auszutreten.
Abgesehen davon, daß nur der Allesbrenner eine wirkliche Alternaitve zu Öl und Gas darstellt, entfallen hier die meisten Vorteile, die beim echten Kachelofen zu finden

sind, weil die Kacheln keinen Feuerkontakt mehr haben, sondern selbst erst Wärme auf dem Umweg über die vom Brenner erhitzte Luft aufnehmen.
Dieser Ofentyp ist nicht Hauptgegenstand dieses Buches, er läßt sich im ürigen mit den hier dargestellten Kacheltypen im Selbstbauverfahren verwirklichen, sofern das technische Innenleben zur Verfügung steht.

Einführung in Geschichte und Formenschatz der Ofenkachel

Der Heimwerker möge es mir verzeihen, wenn nicht sofort mit der Herstellungsanleitung für Kacheln begonnen wird. Dies hat seinen Grund darin, daß dieses Kapitel eine Entscheidungshilfe sein soll für des Lesers Wahl. Zugleich erfährt er etwas über die Entstehung und die geschichtliche und kulturelle Entwicklung, so daß ihm der historische Hintergrund deutlich wird, was später zu einem engeren Verhältnis gegenüber dem eigenen, selbstgeschaffenen Ofen führt.

1 Wölbtopf.

Wann spricht man von einer Kachel, wann von einer Fliese?

Das Wort »Kachel« ist ein Lehnwort und stammt von (lateinisch) »cacabus« mit der Bedeutung »Topf«. Der

2 Hochmittelalterliche Bodenfliese, durchaus als Kachel denkbar.

3 Topfkachel aus der Zeit um 1600.

Name des Gegenstandes läßt somit auf seine Entstehung schließen. Auch die spätere Rückübersetzung von »Kachel« ins Latein, wobei man sie mit »fidelia« bezeichnete, was wiederum »Topf« bedeutet, unterstreicht die angenommene Herstellungsweise.
Wenngleich in der späteren Entwicklung, insbesondere bei den Blatt- und Tafelkacheln, nicht mehr von einem Topf die Rede sein kann, wird wegen ihrer Abstammung immer noch von einer »Kachel« gesprochen. In jedem Fall besteht auch sie aus mindestens zwei Teilen, dem äußerlich sichtbaren Teil und dem Rumpf, der sich in der Ofenwand verbirgt. Oft besteht dieser Rumpf aus einem Topf, bei der Blattkachel hingegen hat er die Gestalt eines Kastens oder Rahmens angenommen.
Die Fliese hingegen war und ist eine Tonplatte, besteht also nur aus einem Teil. Als Fußbodenelement heißt sie Bodenfliese, sonst Wandfliese.
Moderne Ofenkacheln stellen eigentlich nichts anderes dar als eine sehr dickwandige Fliese, dennoch hat auch sie den Namen «Kachel«, weil sie zum Bestandteil eines Ofens zählt.

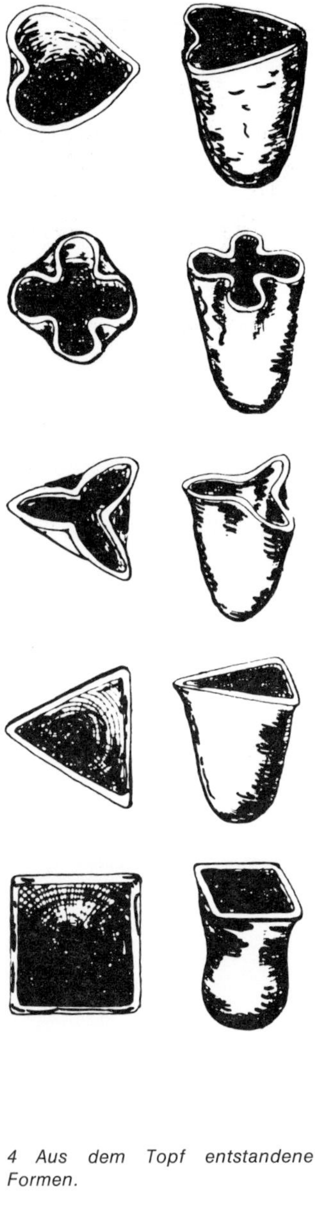

4 Aus dem Topf entstandene Formen.

Aus der Geschichte der Ofenkachel

Mit der Ableitung des Namens wird eindeutig klar, daß der älteste Kacheltyp die »Topfkachel« ist. Gerade Öfen aus dem bäuerlichen Bereich, der in vieler Hinsicht alte Formen zäh bewahrt, zeigen bis in das 20. Jahrhundert hinein die einfache Ofenkachel als Topf. Wenn man vom Wandel der Topfform einmal absieht, so ist der Topf ein Kacheltyp, der sich von der Antike bis heute gehalten hat.
Die einfachsten Kacheln, auf der Drehscheibe hergestellte Töpfe, kommen in zweifacher Art und Verwendung vor: Einmal als Gefäße, die mit dem Boden nach innen in der Ofenwand stehen, ihn direkt gegen das Feuer kehrend, die folglich auch als konkave Kacheln (vom Beschauer her gesehen) bezeichnet werden, und zum anderen als konvexe Kacheln, die mit ihrem Rand in den Ofen eingelassen sind und – Frauenbrüsten nicht unähnlich – aus der äußeren Wandung herausragen.

Beide Arten haben nur den einen Zweck, die Wärmeabgabe nach außen hin zu erleichtern, da an der Stelle, an der sie sitzen, die Ofenwand um ein Vielfaches dünner ist als an den benachbarten Stellen, genauer gesagt: nur so stark wie die Kachelwandung selbst.
Da die Töpfe, die auch als Wölbtöpfe bezeichnet werden, nicht zu stehen brauchen, sondern im Ofen eingelassen sind, unterscheiden sie sich vom Kochtopf durch ihren mehr oder weniger spitz zulaufenden, nicht abgeflachten Boden.
Selbst dort, wo der Rumpf nicht mehr rund, sondern viereckig erscheint, ist er vielfach noch auf der Scheibe gedreht und erst nachträglich viereckig gedrückt. Je nach Aussehen und Tiefe des Topfes (sei der Rand eckig oder rund) spricht man von der Topf- oder Schüsselkachel, die bis heute vielfach variiert zu finden sind.
Den Übergang vom runden Topfrand zum viereckigen bilden Kacheln, bei denen die vier Seiten des ehemals runden, nach der Ausformung aber quadratischen Randes dergestalt umgeschlagen sind, daß sie einen ebenen Rand bilden. Somit ließen sie sich in den Kachelverband gut einpassen. Für die obere Reihe konnte der Topf auch anders geformt werden.
Der erste Ansatz von Dekoration findet sich nicht etwa im Boden der Topf- oder Schüsselkachel, sondern am Rand des gedrehten Topfes, der die Topfhöhle überkragt und sich in der Gestalt der gotischen Architektur anpaßt.
Die Ausfüllung gerade bei dieser Architektur ergibt den sogenannten Zwickel, der so einfach und naheliegend erscheinen mag. Tatsächlich war er der entscheidende Schritt, der die Loslösung der Kachel von der einfachen Topfform herbeigeführt und ihr die Möglichkeit der künstlerischen Entwicklung eingeräumt hat, die von den Zwickeln bald den gesamten Rahmen oder Rand und die Nische erfaßte.

5 Topfkachel der oberen Reihe.

Vom Topf zur Blattkachel

Die reliefgeschmückte Umrandung ist bald als die Hauptsache der Kacheln empfunden worden. Damit war die Herstellung der hinteren Höhlung bald nicht mehr an die herkömmliche Art über den Topf gebunden. So ver-

6 Nischenkachel, Mitte des 15. Jahrhunderts.

7 Nischenkachel mit Relief auf dem Halbzylinder.

schwindet dann der ganze Topf im Rücken des Kachelrahmens, und an seine Stelle tritt der längs durchteilte Topf bei der Nischenkachel. Gleichzeitig paßt sich das ursprünglich quadratische Format der Architektur an und wird gestreckt. Von diesem Moment an entfernt sich die Kachel immer mehr von der ursprünglichen Topfform. Im späten 15. Jahrhundert gibt es dann das Bestreben, das Relief auch auf den angesetzten Topf oder Halbzylinder auszuweiten. Zu diesem Zweck mußte der Hafner von der Herstellung auf der Drehscheibe abgehen. Die Reliefdekoration des Hintergrundes wurde genauso ausgeformt wie der Rahmen, danach halbzylindrisch gebogen und an den Rahmen von hinten angesetzt.

8 Übergangstyp mit geschlossenem Blatt.

Nur kurzlebig waren gewisse Übergangstypen, die ein vorn geschlossenes Blatt und einen hinten angesetzten Topf hatten, weil jetzt auf den Topf verzichtet werden konnte – hatte er doch nur noch statische Funktion und keinen Einfluß auf die Wärmewirtschaft des Ofens. An seine Stelle trat ein kastenartiger Ansatz, der hintere Rahmen, dem allein statische Funktion zukam. Somit sind wir bei der sogenannten Blattkachel angelangt, die sehr schnell allgemein Anklang gefunden hat und zum dominierenden Kacheltypus der Renaissance wurde.

Die Blattkachel entwickelte sich dann im 17. Jahrhundert durch zunehmende Größe zur Tafelkachel. Ihr anfänglich spärliches, halbplastisches Relief wurde immer plastischer und üppiger. Bald gesellten sich zu den Blattkacheln spezielle Eck-, Sims- oder Leistenkacheln. Der Architektur des Ofens setzte man oft Säulen vor. Der einfache Rahmen in Form eines Torbogens wurde bald von Karyatiden (Figuren unter Lasten) abgelöst, die Darstellungen immer prunkvoller und von begleitenden Motiven überhäuft, die den Hauptinhalt nicht mehr als Einzeldarstellung wirken ließen.

Der Ofen im 18. Jahrhundert entfernte sich im Laufe der Zeit immer mehr von den traditionellen Ofenkacheln, zugleich verlangte seine Herstellung ungewöhnliche Fertigkeit von seinen Erbauern. Beim Überschlagofen, dem bis zum Klassiszismus dominierenden Ofentyp, wurde zunächst ein Stützgerüst in Originalgröße und in der Form des gewünschten Stückes hergestellt. Auf den Unterbau legte der Hafner seinen plattenförmigen Ton oder schlug ihn über – wie es in der Fachsprache hieß. Nach

9 Blattkachel, signiert und datiert »Hans Berman 1562«.

10 Blattkachel mit Karyatiden, um 1610.

11 Kastenofen aus Blatt- (a), Gesims- (b) und Lisenenkacheln (c) sowie Blattkacheln ohne austauschbares Mittelteil (d), 16. Jahrhundert.

12 Überschlagofen, Mitte 18. Jahrhundert.

leichtem Antrocknen wurde der Korpus in mehrere Stücke geschnitten, die in die Brennkammer wanderten. Nach dem Brennen und Glasieren erfolgte die Montage der einzelnen Teile zum fertigen Ofen.

Ein in Überschlagtechnik hergestellter Ofen kann gleichfalls ein Aufsatzofen sein, bei dem die keramischen Teile auf einen gußeisernen Feuerkasten aufgesetzt werden. Diese Aufsätze sind mit einer anderen Technik hergestellt: Sie bestehen aus großen Elementen, die separat gefertigt und mit Verstrebungen ausgerüstet sind. Bei diesem Ofentyp entweichen die Abgase bereits durch ein mehr oder minder ausgeklügeltes Kanalsystem und steuern somit zu einer optimalen Nutzung der Wärmequelle

13 Aufsatzofen aus dem späten 16. Jahrhundert mit verschiedenen Kacheltypen: Blattkacheln mit auswechselbarem Mittelbild (a), Medaillonkachel als Sonderform der Blattkachel (b), Kachel mit »Tapetenmuster« (c) sowie einfache Blattkacheln aus nicht auswechselbarer Form (d).

bei, wie sie bis in die Gegenwart bei Kachelöfen zu finden ist.

Bei allen Orientierungshilfen, die dieses Kapitel bietet, sollte man sich stets vor Augen halten, daß die Ofenkachel weiter Möglichkeiten individueller Gestaltung über die hier angebotenen Typen und Verfahren bietet. Gerade dieser Formenreichtum garantiert die Exklusivität des im Eigenbau hergestellten Ofens.

14 Jüngerer Aufsatzofen, 18. Jahrhundert.

Normierungen und Wissenswertes über Ton

Weil sich ein Kachelofen aus einer Vielzahl von Kacheln zusammensetzt, die ähnlich wie ein Backsteinmauerwerk übereinander versetzt angeordnet werden, um so zu optimaler Stabilität zu gelangen, muß eine Kachel zwar nicht wie die andere aussehen, jedoch mit ihr in den Abmessungen übereinstimmen.

Empfehlenswert: Das DIN-Format

Diese Gleichheit erreicht der Heimwerker am besten, wenn er mit Schablonen arbeitet, die er ohne viel Aufwand mit einer Laubsäge oder – schneller noch – mit der elektrischen Stichsäge aus Hartfaserplatten oder dünnem Sperrholz herstellen kann. Dabei ist es völlig gleich, welchem Format er sich zuwendet; es ist nur darauf zu achten, daß kein Wechsel im Aufmaß stattfindet.
Für die Nischen- und Blattkacheln ist wegen ihrer rechteckigen Gestalt das Papiermaß DIN A4 (Schreibmaschinenpapier) empfehlenswert. Mit dieser DIN-Norm liegen wir fast genau bei den historischen Formaten, die eine Höhe von etwa 28 cm und eine Breite von 18 cm als Mittel haben. Zwar beträgt das DIN-Format 29,5 mal 21,0 cm, doch der Ton, auf den diese Angaben über das Model (die Ausgangsform) übertragen werden, erfährt durch

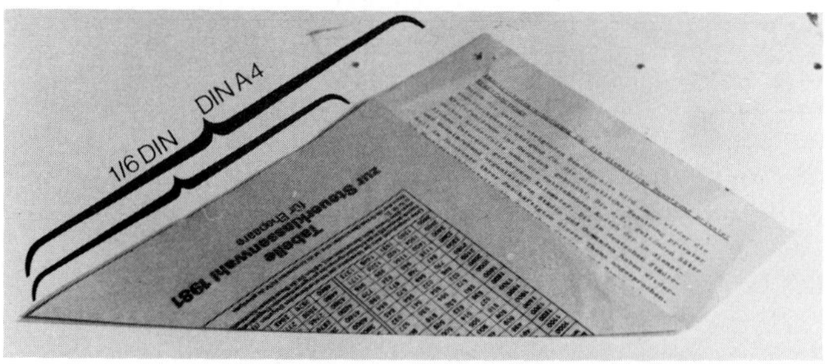

15 Falten des DIN-A-4-Bogens zum Format 1/6 DIN.

Trocknung und Brennen einen Schwund, der die ursprüngliche DIN-Norm zur historischen Proportion schrumpfen läßt. Für die Wölbtöpfe hingegen bietet sich das quadratische DIN-Format $^{1}/_{6}$ an, das sich so ergibt: Die Schmalseite eines Bogen A4 wird an die Längsseite gelegt und gefaltet. Den nicht deckenden Papierteil schneidet man ab und erhält somit nach Entfalten das gewünschte Format.

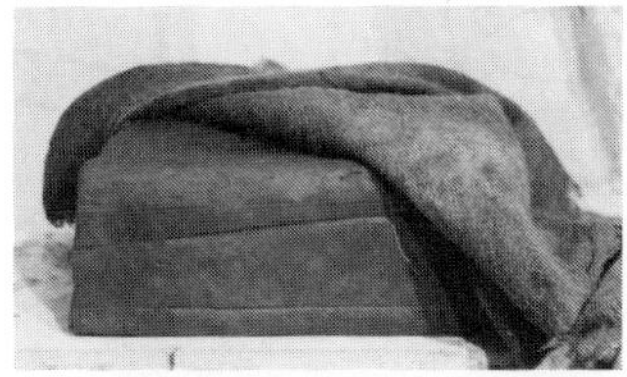

16 Lagern des Tons. Fertige Quader werden wie der noch ungeformte Ton mit feuchtem Sackleinen abgedeckt. Bei längerer Lagerzeit empfiehlt sich ein Einschlagen in Folie.

Was man beim Ton beachten muß

Die eben angedeutete Eigenschaft von Ton, beim Trocknen zu schrumpfen, bedarf noch einiger erklärender Hinweise: Ausschlaggebend für das Ausmaß der Schrumpfung ist in erster Linie der Wassergehalt des Ausgangsstoffes. Da wir für die Dauer unserer Produktion von einer ziemlich einheitlichen Verarbeitungsplastizität ausgehen (dazu gleich Näheres) und somit von einem nahezu konstanten Wassergehalt, müssen wir bei dem einmal gewählten Ton bleiben, zumal sich die Eigenschaft der Masse durch unterschiedliche Zusammensetzung ändert.

Damit die Wahl des Tones von Anfang an gleich richtig vorgenommen wird, ist der Hinweis wichtig, daß ein teurer, für keramische Arbeiten aufbereiteter Ton gar nicht nötig ist. Wir können uns ruhig mit dem gewöhnlichen begnügen, der von Ziegeleien als Dachziegel- oder Backsteinton preisgünstig abgegeben wird. Er ist in der Regel gut aufbereitet, mit Schamotte versetzt und somit nicht zu fett und auch nicht zu mager. Wenn er gleich als Batzen vom Förderband vorgewärmt kommt, ist er allerdings für baldige Verwendung bestimmt. Es gilt zunächst, ihn vor weiterem Flüssigkeitsverlust zu schützen; daher decken wir ihn sofort mit einem feuchten Sack zu und vergessen nicht, ihn während der Lagerzeit regelmäßig mit Wasser zu besprühen.

Aus einem Batzen kann man gut zwei Ofenkacheln herstellen – genausoviel wie aus der für einen Backstein benötigten Menge. Beim Kauf sollte sich der künftige Ofenbesitzer gleich nach der kritischen Temperatur der Masse erkundigen, also fragen, bei wieviel Grad der Ton im Werk gebrannt wird. Diese Angabe ist später für den Brand im eigenen Ofen oder in Auftragsarbeit von großer

Wichtigkeit, um Fehlbrände und Verschlackungen zu vermeiden. Gleichzeitig soll die Frage nach der Farbe gestellt werden, in der der Ton brennt, denn seine Farbe vor dem Brand ist nicht die des gebrannten Materials. Am günstigsten für die spätere Glasur sind Mischungen, die relativ hell brennen; in keinem Fall sollte dunkelbraun brennendes Gut gekauft werden.
Sollte der Ton direkt aus der Lehmgrube stammen, bedarf er in den meisten Fällen einer Aufbereitung und Reinigung. Allzu nasses Material schlägt sich am besten auf einer Gipsplatte trocken, weil Gips Wasser aufnimmt. Zu trockenen Ton erkennt man daran, daß beim Biegen von Wülsten oder Platten Risse auftreten. Hier muß Wasser während des Durchknetens zugegeben werden. Ist die Masse zu fett – man erkennt diesen Zustand daran, daß sie beim Modellieren nicht stehen bleibt, sondern langsam in sich zusammensackt –, muß ein Magerungsmittel zugesetzt werden. Am empfehlenswertesten ist Schamotte, der, fein gemahlen, oft auch von der Ziegelei zu beziehen ist. Alternativ kann man auch feinen Sand zusetzen oder aber Asche, Steinmehl, Feldspat oder Glimmer. Der Experimentierfreudigkeit sind hier keine Grenzen gesetzt; allerdings sollte sich der Töpfer davor hüten, organische Substanzen zuzusetzen, weil die Keramik dann nach dem Brand eine sehr rauhe, genarbte Oberfläche erhält. Zuviel Magerungsmittel ist auch unangebracht; es soll gerade so viel sein, daß der Ton stehen bleibt. Eine genügende Plastizität durch ausreichende Feuchtigkeit und eine wohldosierte Magerung sind Voraussetzung für einen verarbeitungsfähigen Grundstoff.
Diese Einzelheiten sollten den Heimwerker keinesfalls vor dem Umgang mit der Materie Ton abschrecken: In der Regel ist er für unsere Zwecke zubereitet. Jedoch hat der Ton aus der Ziegelei den kleinen Nachteil, daß er Schwefel enthält oder enthalten kann. Bei Dauerverwendung in einem elektrisch beheizten Töpferofen führt dies zu Korrosionsschäden an den Heizspiralen. Bei der Herstellung von Kacheln für den eigenen Ofen, für den etwa 50 Stück benötigt werden, kann man dieses Risiko ruhig eingehen. Auf alternative Brennmöglichkeiten kommen wir noch zurück.

Herstellung von Topfkacheln

Mit den Wölbtöpfen oder, besser, mit ihrer Weiterentwicklung, den Topfkacheln, wenden wir uns den ursprünglichsten und in der Anfertigung einfachsten Ofenkacheltypen zu. Einfach heißt hier, daß diese Gruppe am wenigsten künstlerisches Gespür und handwerkliches Geschick erfordert, ohne aber im Aussehen später den Eindruck von Primitivität zu hinterlassen.
Zunächst schneiden wir uns ein Stück Hartfaserplatte oder Sperrholz im Format 1/6-DIN zurecht. Genau in der Mitte wird ein Loch mit einem Durchmesser zwischen 5 und 8 cm sowie ein Ring von rund 4 cm gesägt.

Das Vorbereiten des Tons

Nach diesen vorbereitenden Arbeiten wenden wir uns dem Ton zu: Das gut verarbeitungsfähige Material wird zu einem Quader oder Würfel geformt, dessen eine Seite mindestens der Größe unserer Schablone entspricht. Am

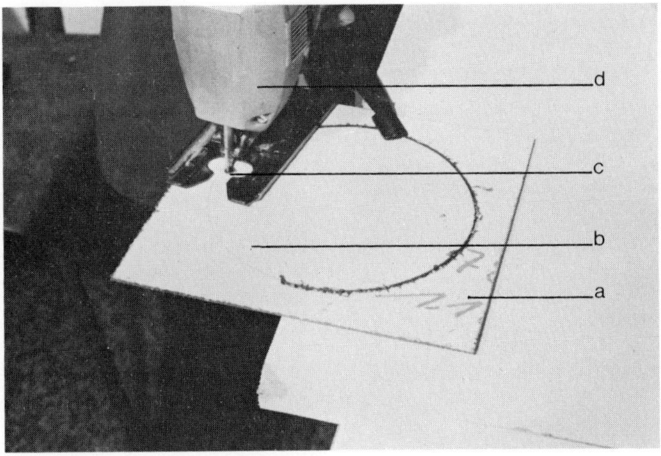

17 Herstellen der Schablone aus einer Hartfaserplatte im Format 1/6 DIN (a). Die Stichsäge (d) wird entlang der Markierung (b) geführt. Das Einsetzen der Säge erfolgt in einer Bohrung (c).

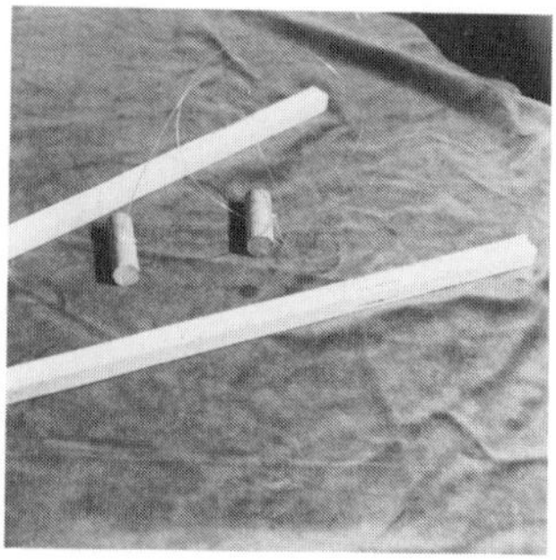

18 Ziehdraht und Distanzlatten. Anstelle des Messing- oder Blumendrahtes kann auch wie hier ein Perlonfaden verwendet werden.

besten formt man den Block durch Aufschlagen auf den Boden. Danach besorgen wir uns zwei Latten von ungefähr 1 cm Stärke, die etwas länger als die größte Seite des Tonblocks sein müssen. Ferner benötigen wir einen Blumendraht von annähernd gleicher Länge, dessen Enden wir jeweils an einem Hölzchen befestigen. Somit erhalten wir unseren »Ziehdraht«, der uns zum Abschneiden der Tonscheiben von dem Klotz dient. Ihn gibt es auch im Heimwerkerbedarfshandel zu kaufen.

Den Tonquader legen wir nun mit der Fläche, die mindestens unserem benötigten Format entspricht, auf einen Tisch oder auf eine Arbeitsplatte und drücken die beiden Latten jeweils seitlich an. Mit beiden Händen läßt sich der Draht gut auf dem Holz entlangziehen, so daß eine gleichmäßig dicke Tonplatte von eben der Lattenstärke entsteht.

Auf diese Platte legen wir unsere Schablone, setzen den ausgeschnittenen Ring ein und schneiden den überzähligen Ton an den Seiten ab. Des weiteren folgen wir mit einem gewöhnlichen Messer dem inneren Kreis und erhalten eine kreisrunde Platte von gleicher Größe.

Lassen wir es vorerst bei dem einen runden Tonplättchen und heben das verbleibende Stück gut auf. Ein Posten Ton wird nun geknetet und zwischen den Handflächen zu einer Wurst von ungefähr 1 cm Stärke ausgerollt. Wenn wir uns nun einen kleinen Vorrat von mehreren Würsten angelegt haben, können wir mit dem Aufbau der Topfkachel beginnen. In der Zwischenzeit hatten wir einen Tonklumpen in der Mitte eingetieft, etwas Wasser in

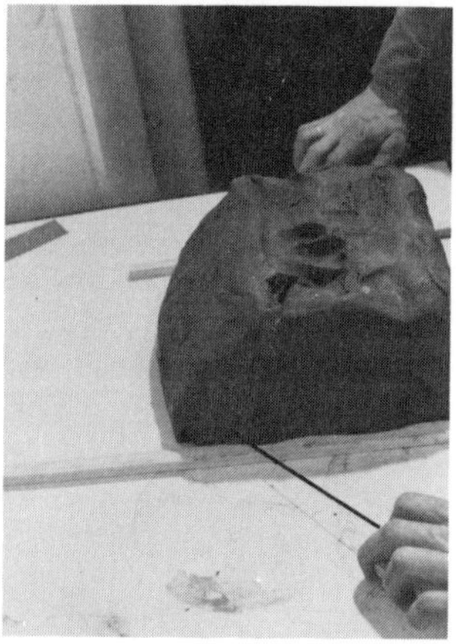

19 Abschneiden der Tonplatte mit Hilfe eines Ziehdrahtes und zwei Distanzlatten.

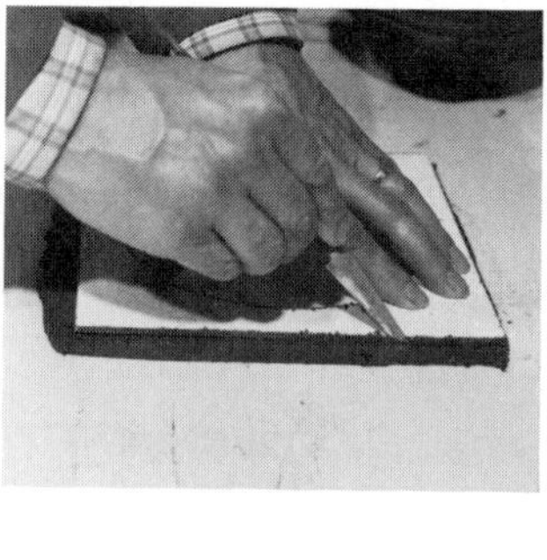

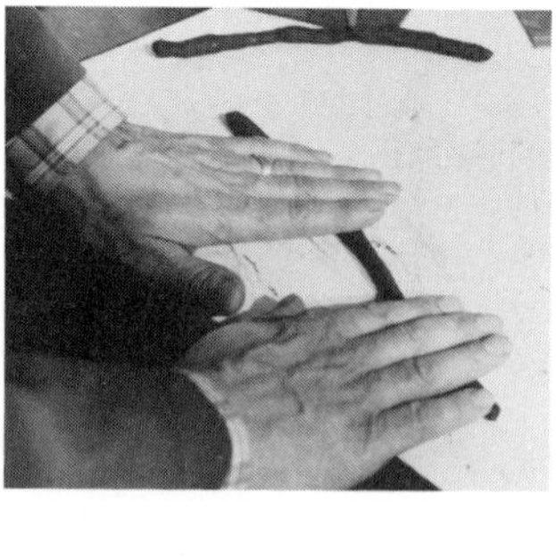

20 Benutzung der Schablone.

21 Rollen des Tons zu einer Wurst.

die Mulde gegossen und die Gefäßinnenflächen mit einem kleinen Hölzchen kräftig aufgewühlt. Dadurch entsteht ein feiner Tonschlamm, der Schlicker.

Der Aufbau des Topfes und mögliche Varianten

Nun rauhen wir die runde Tonscheibe an der Kante ungefähr 1 cm breit mit einer Gabel auf, streichen etwas Schlicker darüber, setzen eine unserer Würste darauf und drücken sie fest an. Ihr Anfang wird mit ihrem Ende verbunden; reicht ihre Länge nicht, so wird getrost ein Stück dazwischengesetzt. Auf den ersten Ring folgt ein zweiter und dritter, jedoch werden diese nachfolgenden nicht senkrecht auf den vorhergehenden gesetzt, sondern leicht nach außen verschoben. Jeder folgende Ring wird somit größer als der vorhergehende, so daß sich eine schräge Wandung ergibt. Die Verbindung der Würste untereinander erfolgt genauso wie bei der Bodenplatte geschildert. Wir haben nun so viele Ringe aufzutragen, bis das Loch unserer quadratischen Schablone oder die Außenkante der Ringschablone erreicht ist.
Dann muß sich der Töpfer entscheiden, welchen Weg der Ausführung er einschlagen will. Eine Möglichkeit wäre, daß wir unseren Napf oben quadratisch formen, die andere besteht darin, daß wir den Rand der Tonplatte, aus der der Ring beschnitten wurde, wieder unter Verwen-

22 Herstellung des Schlickers. Ein Tonklumpen wird ausgehöhlt, mit Wasser gefüllt und durch Rühren aufgeschlämmt.

23 Verbinden von Bodenplatte und Wurst durch Aufrauhen und Schlickerauflage.

24 Aufbau des Topfes in Wursttechnik.

25 Anwendung der Lochschablone.

26 Eine weitere Schablone für die Wandung garantiert eine einheitliche Form des Topfes.

27 Formgebung des Randes durch Drücken in Quadratform.

28 Aufsetzen des Randes in bekannter Weise.

29 Stempeln einer Bodenrosette mittels Wasserglas.

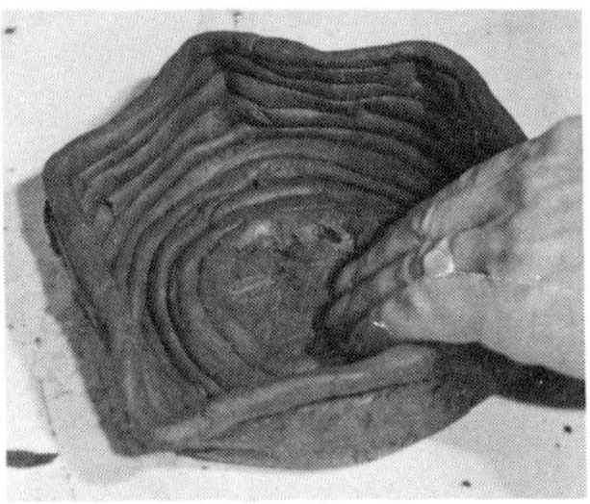

30 Variation der Topfkachel für die oberste Reihe durch Deformieren einer Kante.

31 Dekormöglichkeit: Würste mit zwischenliegenden Kugeln.

dung von Schlicker auf die oberste Wurst aufsetzen. Dadurch wird eine größere Kachel erreicht als bei dem ersten Verfahren. Der Platz in den Ecken kann mit Mustern gefüllt werden, die der Phantasie des Ausführenden überlassen bleiben. Ein kleiner, aus Holz geschnitzter Stempel eignet sich, um die Muster zu vervielfältigen. Die hier aufgezeigte Technik der Topfkachel ist das Grundprinzip. Eine Fülle von Variationen sind denkbar und möglich.

Wen die Würste stören, der kann vorab die Übergänge mit einem kleinen Hölzchen, dem Messer oder mit den Fingern glätten. Sofern dies für jede Topfkachel vorgesehen sein soll, kann beim Aufbau das komplizierte Verfahren mit Aufrauhen und Schlickerverbindung entfallen. Die Wand kann auch nach anderen Verfahren errichtet werden, beispielsweise durch Montage einer einzigen Platte auf den runden Boden. Besonders schön anzusehen ist ein Wurstdekor, bei dem an verschiedenen Stellen der einzelnen Ringe kleine, runde Kugeln integriert sind.

Die Topfkachel ist – wie schon gesagt – die einfachste Form und, wie man sich vergewissern kann, nicht einmal die häßlichste. Mit wenig Übung kann solch eine Kachel binnen weniger Minuten hergestellt werden.

Wer sich schon jetzt für diesen Weg entschieden hat, sollte dennoch, bevor er sich in die Produktion stürzt, erst einmal die Kapitel über den Aufbau des Kachelofens angesehen haben.

Das Herstellen von Nischenkacheln

Nach der Topfkachel wenden wir uns der Nischenkachel als einem weiteren Typus der Ofenkeramik zu. Vorab ist zu vermerken, daß aus verschiedenen Gründen eine gemischte Verwendung beider Muster an einem Ofen nicht in Frage kommt. Wohl können wir wegen des annähernd gleichen Formates die Nischen- mit der Blattkachel kombinieren.

Werkzeug und Holz

Die Herstellung der Nischenkachel beginnt nicht mit Ton, sondern mit Holz. Denn wir begeben uns jetzt auf das Gebiet der reproduzierbaren Kacheln, weil jedes Stück zwar manuell, aber nicht mehr völlig individuell hergestellt wird.

Für die Holzform benötigen wir weiches, kurzfaseriges Holz. Am einfachsten und billigsten bezieht man es direkt von der Tischlerei oder im Heimwerkergeschäft, die es uns gleich hobeln und auf DIN-A4-Format zuschneiden können. Empfehlenswerte Holzarten sind Abachi und Limba, zwei afrikanische Hölzer sowie die einheimischen Arten Pappel und Linde. Für jeden beteiligten Töpfer wird eine Platte in der genannten Größe sowie eine halbformatige von 10,5 cm Breite benötigt. Da beide Seiten zum Schnitzen verwendet werden können, lassen sich pro Stück zwei Modeln schneiden.

Für den Holzschnitt eignen sich bereits billige Schneidemesser, die sowohl für Holz als auch für Linoleum angeboten werden. Reine Linolschneidemesser und solche mit auswechselbarer Klinge sind für unsere Zwecke zu instabil. Ein kompletter Set liegt im Preis unter zehn Mark, allerdings benötigen wir für die Holzform nur das U- und V-Messer, bedarfsweise auch eine flache, stemmeisenartige Klinge.

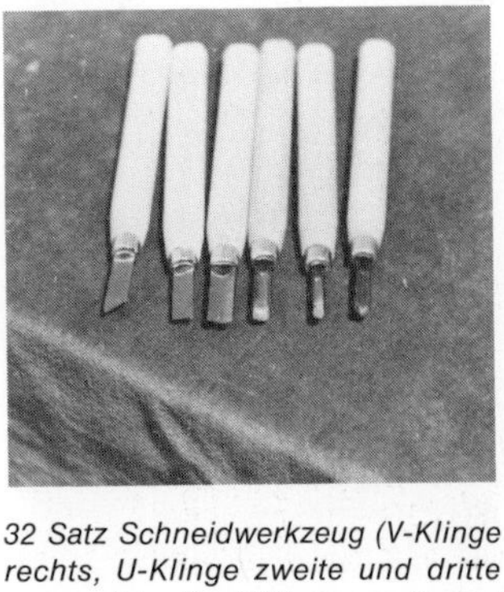

32 Satz Schneidwerkzeug (V-Klinge rechts, U-Klinge zweite und dritte von rechts, Flachklingen erste und dritte von links).

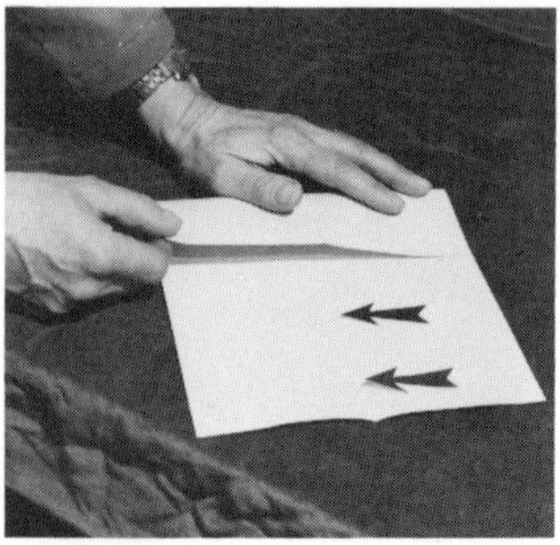

33 Falten des Papiers nach erfolgter Längsfaltung (Pfeile).

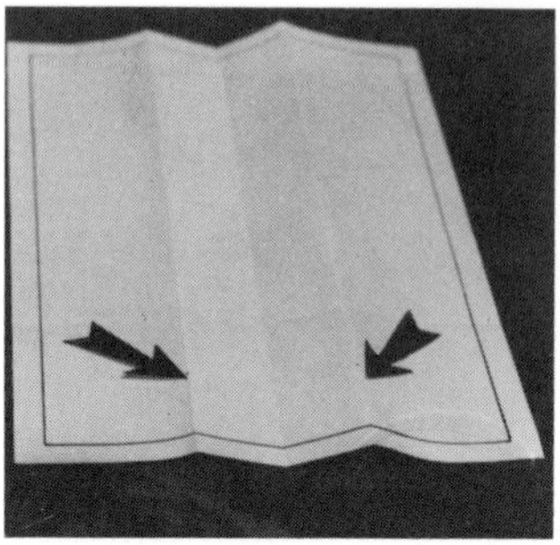

34 Weitere Hilfsfalten (Pfeile) für die folgende Zeichnung sowie bereits gezogener Rand.

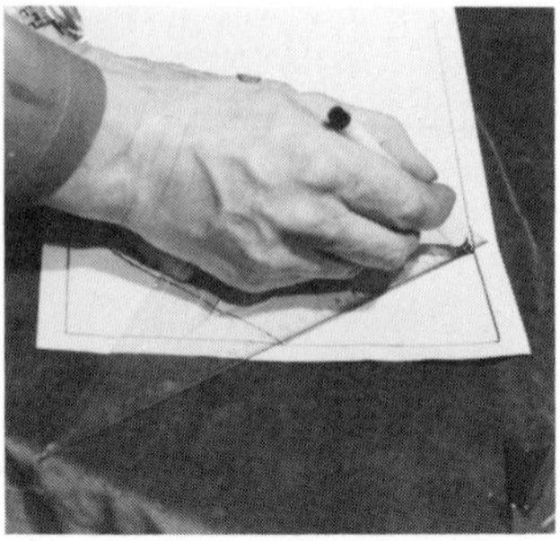

35 Ziehen des architektonischen Giebels innerhalb der Blattfalten und deren Schnittpunkte.

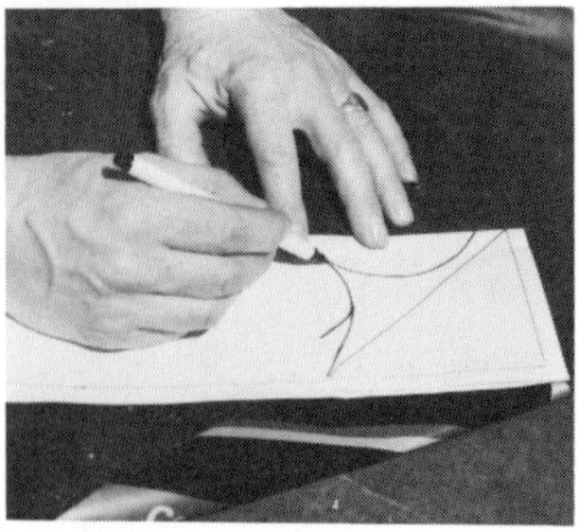

36 Symmetrisches Aufbringen auf den Bogen durch ein gefaltetes Blatt und Durchdrücken der Linien über ein umgekehrt aufgelegtes Kohlepapier.

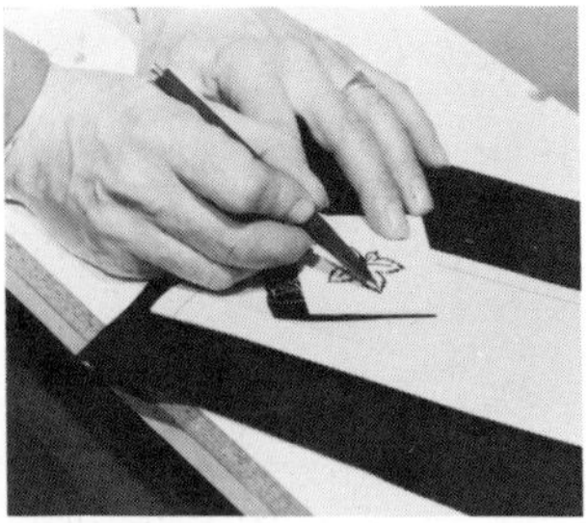

37 Übertragung von Ornamenten auf den Entwurf mit Hilfe von Kohlepapier.

Der Entwurf

Voraussetzung für eine gelungene Form ist ein guter Entwurf. Wie die historische Nischenkachel aussieht, wurde bereits im Eingangskapitel beschrieben.

Für den Entwurf nehmen wir ein Blatt Papier, wieder im gebräuchlichen DIN-Format, und falten es der Länge nach sowie einmal quer bei etwa ein Drittel. Mit Bleistift und Lineal ziehen wir dann rundum, etwa 1 cm Abstand haltend, eine Linie, sozusagen unseren Rahmen. Aus den Schnittpunkten zwischen Rahmen und Falten, oder besser, ihrer Verbindung miteinander ergibt sich der architektonische Giebel der Nischenkachel. Mehrere Hilfslinien oder -falten, jeweils im gleichen Abstand vom Rand zur Längsseite hin, unterteilen den Giebel in zwei gleichgroße Seitenteile. Das Mittelteil zwischen Spitze und Querfalte erhält nun einen spitzen bis runden Bogen (6). Um ihn symmetrisch zu erhalten, faltet man den Bogen in der Mitte, legt ein Blatt Kohle- oder Blaupapier darunter – nicht dazwischen! –, aber mit der Kohlefläche nach oben. Auf der einen Hälfte wird nun gezeichnet, und nach Entfalten des Bogens haben wir einen spiegelbildgetreuen Entwurf. Dieses Verfahren gilt auch für die Seitenteile, deren Bögen von der schräglaufenden Linie begrenzt sind, sowie für das Aufbringen des Dekors. Haben wir so erst einmal das Gerippe, können wir die Ecken

oder Zwickel mit Dekoren füllen. Die Hauptlinien, nämlich die Giebellinie wie auch die Begrenzungen der bogenförmigen Ausschnitte, sollten jeweils beiderseits von einer weiteren Linie begleitet werden. Die mittlere von ihnen erhält dann später mit dem V-Messer gegenüber den beiden anderen eine größere Tiefe.
Auf diesen Entwurf folgt der für die halbformatige Kachel, die in den Proportionen sowie im Dekor dem Vollformat angepaßt sein sollte.
Mit Hilfe des Blau- oder Kohlepapiers läßt sich der Entwurf sodann auf die Holzplatte übertragen, indem die Linien nochmals gezogen werden.

Das Schneiden der Form

Jetzt beginnen wir mit dem V-Messer, die Linie entlangzufahren, wobei eine unterschiedliche Tiefe bei den verschiedenen Fluchten besonders schöne Effekte ergibt. Wir sollten uns jedoch davor hüten, mit dem Messer zu tief zu gehen.
Für nicht lineare Schnitte wird das U-Messer benutzt; es wird besonders bei der Ornamentik gebraucht. Mit einem Klumpen Fensterkitt oder Knetgummi können wir jederzeit den Holzschnitt kontrollieren, ob wir mit der Tiefe, der Messerführung oder dem Dekor richtig liegen. Aus-

38 Etiketten und Verpackungen verschiedener Art liefern Designvorlagen.

39 Übertragen des Entwurfs auf die Holzplatte mittels Kohlepapier.

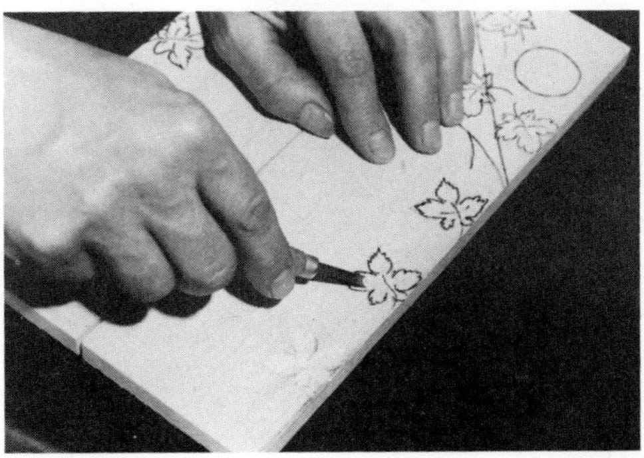

40 Ausschneiden der Ornamente mit speziellen Messern.

41 *Kontrolle des Holzschnitts.*

42 *Designbeispiel für Nischenkacheln: Entwurf und Ausführung M. Kosel.*

brüche des Holzes lassen sich mit Flüssigholz oder mit einer anderen Spachtelmasse beheben. Für eine zweite Ausführung kann die Rückseite des Models benutzt werden.

Das Ausformen

Wie bei der Topfkachel schneiden wir mit dem Ziehdraht auf den beiden Distanzhölzern eine oder mehrere Tonplatten vom großen Block ab und glätten sie. Bevor wir die Platte auf die Form legen, pudern wir sie mit Graphit leicht ein, damit sich die Masse aus den Vertiefungen später leichter lösen läßt. Von der Mitte aus drücken wir den Ton kräftig mit beiden Daumen in die Form und kommen so langsam zum Rand. Bei diesem Vorgang kann sich keine Luftblase zwischen Form und Masse bil-

den. Selbstverständlich wird dabei Ton über den Plattenrand gedrückt, den wir mit einem Messer, an der Form entlangziehend, abschneiden.

Der Bau der Nische

Original-Nischenkacheln besitzen einen angesetzten Topf, der auf einer Töpferscheibe hergestellt, danach halbiert und hinten angepaßt wurde. Da nicht jeder über dieses Instrument verfügt, seine Bedienung zudem gar nicht so einfach ist, wie es aussieht, empfehlen wir hier eine abweichende Technik:
Zunächst sägen wir uns wieder eine Schablone in Form eines Halbkreises mit einem Durchmesser von 14 cm, des weiteren als zweite Schablone eine Platte von 24 cm

43 Designbeispiele für Nischenkacheln mit passendem Halbformat: Entwurf und Ausführung B. Demel.

44

47 *Eindrücken des Tons erfolgt von der Mitte zum Rand der Holzform.*

45

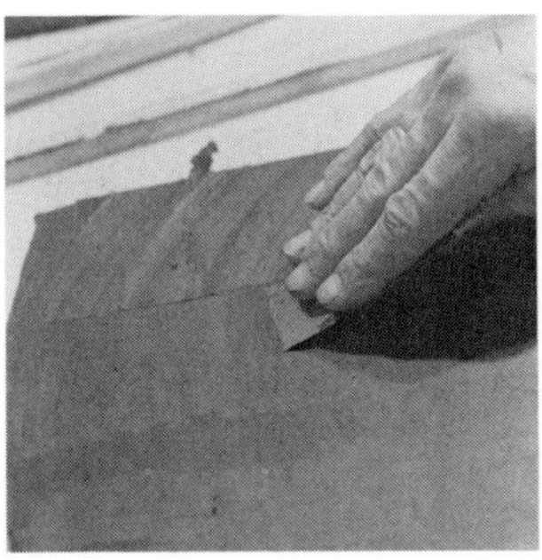

46

47

48 Schablonen für den Topf: Halbkreis (a) für die Seiten, Mantel (b), Platte (c) zum Markieren auf dem Blatt. Die Länge (d) entspricht dem Umfang des Halbkreises.

49 Abschneiden des überstehenden Tons.

Höhe (bei Verwendung des Formates DIN A4) mit der Breite des Bogens. Mit ihrer Hilfe schneiden wir uns je zwei Halbkreise sowie eine Platte aus einer zweiten großen Tonscheibe. Danach wird die große Schablone auf die Mitte der Rückseite gelegt – die Vorderseite ist noch immer in der Form –, ihre Umrisse kurz mit einem Messer markiert und dann innerhalb der Markierung ungefähr 1 cm breit mit einer Gabel aufgerauht. Nachdem wir auch die Standseiten der beiden Halbkreise aufgerauht haben, setzen wir diese jeweils oben und unten auf die vorgezeichnete Fläche auf, drücken sie kräftig an und »vernähen« sie mit der Auflage. Auf die beiden Bögen wird nun

50 Ausschneiden der Seitenteile.

51 Markieren des Topfansatzes.

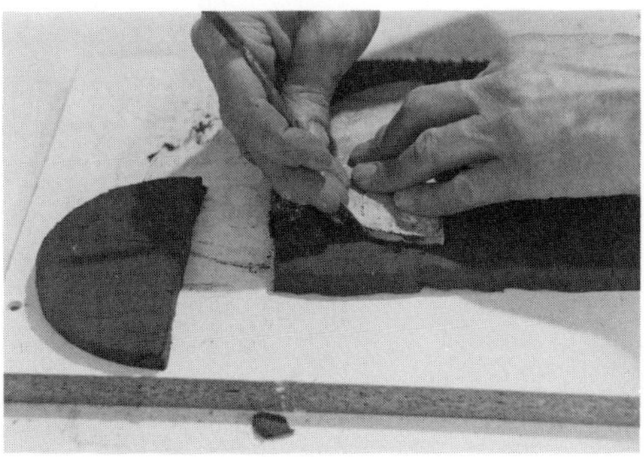

52 Ansetzen der beiden Anschlüsse des Topfes. Bereits angesetztes Seitenteil (a), mit einer Gabel aufgerauhte Ansatzfläche für Seitenteil (b) und Mantel (c), Markierung der Schablone (d), Auftragen von Schlicker (e).

53 Aufsetzen des Mantels.

die Platte gesetzt, wobei die Kontaktstellen wiederum aufgerauht und von außen verschmiert oder »vernäht« werden.

Mit dieser Arbeit können wir den Topf, der eigentlich ein Halbzylinder ist, als erledigt betrachten, nur besitzt unsere Kachel noch keine Nische. Um dies nachzuholen, nehmen wir die Kacheln aus der Form, indem mit einem Messer oder einem Tonklumpen vorsichtig an den Kanten angelüftet wird. Nun können wir sie getrost auf den

54 »Vernähen« der Ansatzstellen.

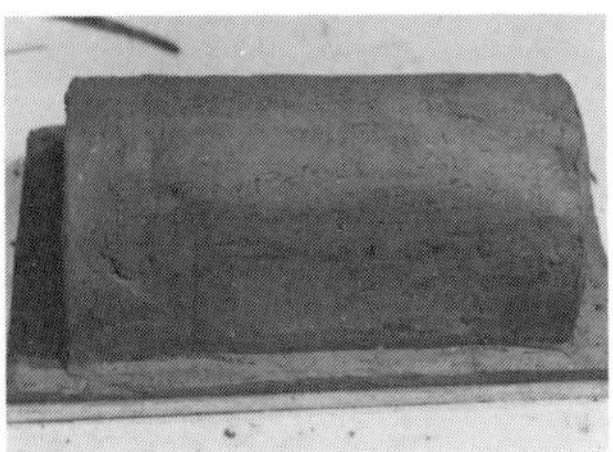

55 Fertig angesetzter Topf.

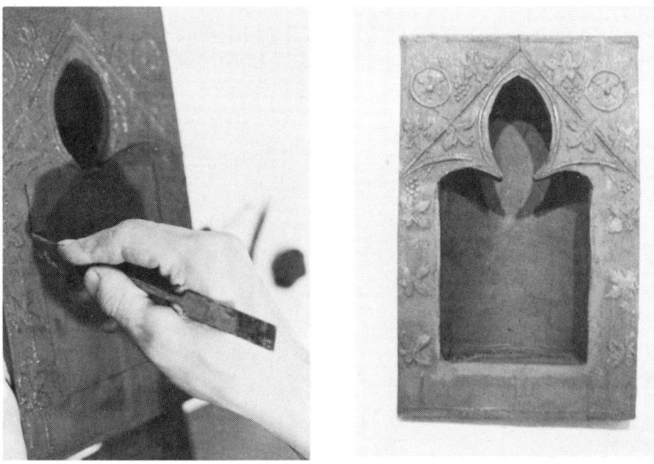

56 Aufschneiden der Nische und fertige Nischenkachel mit geöffnetem Blatt (rechts).

57 *Auflegen einer Schablone für einen gleichmäßigen Ausschnitt.*

58 *Formen des Ausschnittes.*

59 *Verdunsterkachel.*

60 *Historische Firstkacheln.*

Rücken, sprich auf den Topf, legen und mit einem Messer die Nischenöffnung herausschneiden. Auch hierfür empfiehlt sich eine Schablone, damit der einheitliche Charakter des Ofens gewahrt bleibt. Fällt der Zylinder in sich zusammen, so war die Mischung zu fett oder zu feucht. Selbstverständlich kann neben der recht einfachen Nische auch ein netz- oder gitterartiges Raster stehen bleiben; doch verlangt diese Art der Ausführung schon erhebliche Fertigkeit.

Kacheln mit besonderer Funktion: Verdunsterkachel, Firstkachel und Halbformat

Sinn und Zweck der Nische ist, die Abstrahlung der Wärme in den Wohnraum zu begünstigen. Während alle anderen rückseitigen Partien später mit Lehm verschmiert werden, ist die Wölbung des Topfes der einzige Teil mit direktem Feuerkontakt. Die Rundung macht die

Kontaktfläche größer, zudem wirkt der konkave Topf für die Wärme in der Art eines Hohlspiegels. Daraus ergibt sich, daß Giebel und Zwickel nicht zu groß sein dürfen, sondern sich in den vorgeschlagenen Dimensionen bewegen sollten, um nicht die Wärmeabgabe der Kachel zu mindern.

Neben diesem funktionalen Grundtyp ist eine Variante zweckmäßig, die nicht primär diese Aufgabe wahrnimmt, sondern die Luftfeuchtigkeit im Wohnraum beeinflussen soll. Es ist die Verdunsterkachel, bei der die Nische nicht voll geöffnet wird, sondern nur ein Loch im oberen oder mittleren Teil erhält, sei es rund, tränenförmig oder der Struktur des Giebels angepaßt. Diese Öffnung ist zum Füllen des Topfes mit Wasser gedacht, das während des Heizens verdunsten kann. Aus ästhetischen Gründen sollte die Ofenfront zwei symmetrische Verdunsterkacheln erhalten oder nur eine in der Mitte.

Für die erste, unterste Kachelreihe fällt die Wärmeabgabefunktion weitgehend aus, weil sie in Höhe oder unterhalb des Feuerrostes liegt. Bei den Kacheln dieser Reihe kann auf das Aufschneiden der Nische verzichtet werden, nicht aber auf den Topf, der aus Stabilitätsgründen in jedem Fall beibehalten werden muß. Damit es beim Brand der Keramik nicht zu Zerstörungen durch die sich ausdehnende Luft im Innern des Topfes kommt, wird dieser an zwei Stellen oben und unten eingestochen. Im Laufe der Verarbeitung ist peinlichst darauf zu achten, daß die beiden Löcher stets offenbleiben.

Den oberen Abschluß des Ofens kann man besonders schön gestalten, wenn ein Sims aufgesetzt wird. Dazu benötigen wir eine weitere Holzplatte von gleicher Stärke wie beim Model, von gleicher Breite und von etwa 10 cm Höhe. Aus dieser lassen sich beispielsweise Zinnen oder ein Arkanthusrelief schneiden. Diese Holzform wird nicht separat ausgeformt, sondern mit einem Stift an die bereits vorhandene oben angeheftet und mit dieser zusammen benutzt. Der Topf für diesen Typ unterscheidet sich in den Maßen nicht von dem bereits zuvor genannten; er wird auch genauso plaziert, so daß als einzige Abweichung nur die Verlängerung der Fassade bleibt.

Bei den Halbformaten bedarf es nur einiger Hinweise: Die Mitte wird nicht ausgeschnitten, und weil damit die

61 Zusammenfügen der Modelle für eine Firstkachel. Die für die gewöhnliche Nischenkachel gebräuchliche Form (a) sowie die Aufsatzform (b).

62 Spezielle Kacheln mit Luftschlitzen für Öfen mit Brenneinsatz.

63 Rückseite einer Kachel mit Luftschlitzen. Für die im Ofen unten zu setzenden Kacheln muß der Topf oben aufgeschnitten werden, für die der obersten Kachelreihe unten.

64 Sollte man das Model nicht aus einem Teil herstellen, sondern aus zwei Hälften, so können diese, übereck miteinander verbunden, als Form für ein Eckelement dienen.

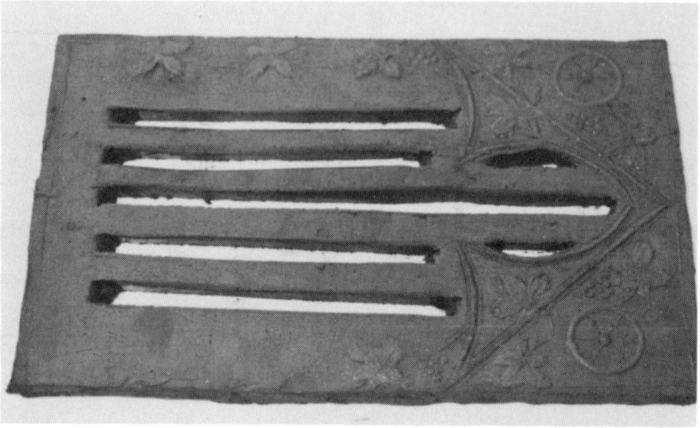

62

63

64

65 *Noch in der Form befindliches Eckelement mit rückseitigen Verstrebungen, die in gleicher Höhe wie der Nischenkacheltopf sitzen.*

Nische entfällt, kann der Topf ohne Schablone hergestellt werden, denn von vorn sind Unregelmäßigkeiten nicht zu erkennen. Nur die Luftlöcher dürfen nicht vergessen werden. Statt des Topfes kann auch ein Rahmen wie bei den Blattkacheln angesetzt werden.
Wie man die Zahl der von jedem Typ benötigten Kacheln feststellt, wird im Kapitel über den Aufbau des Ofens noch geschildert. Doch schon jetzt ein Hinweis: Weil man stets mit Bruch oder »Fehlbränden« – schlecht gebrannten Kacheln – rechnen muß, sollten von jeder Gruppe einige mehr ausgeformt werden.
Bei Kacheln, die als Luftaustritt für Öfen mit Brennereinsätzen verwendet werden sollen, ist das Blatt nicht aufzuschneiden, sondern mit Luftschlitzen zu versehen, der Topf an der Rückseite ist ebenfalls geändert.

Das Eckelement

Durch das versetzte Anordnen der Kacheln werden Halbformate notwendig. Sofern die Konzeption die Ecklage von zwei halben Kacheln vorsieht, empfiehlt sich ein zusammenhängendes Eckelement, das dem Ofen eine besondere Stabilität verleiht. Es ist aber nicht zwingend. Einmal kann man es durch Verbindung zweier Halbformate mittels Aufrauhen und Schlickerbindung herstellen. Aber es gibt noch eine weitere Möglichkeit, die von »unechten« Ganzformaten ausgeht. Sofern das Model der Nischenkachel nicht aus einer Platte im Format DIN A4

66 *Ausgeformtes Eckelement.*

geschnitten wird, sondern aus zwei Hälften besteht, die jedoch zum Ausformen des Nischenkachelblattes als eine Einheit angesehen und zur besseren Handhabung mit Stiften oder anderswie zusammengefügt werden müssen, ergibt sich hier die Möglichkeit, beide Modelhälften über Eck anzuordnen, sie mit ein oder zwei Querstegen zu verbinden, um dann die abzuformende Tonplatte daraufzulegen. Bei dieser Möglichkeit kann ein Topf mit einem 90-Grad-Sektor wohl angefügt werden, so daß das Blatt wie bei der normalen Nischenkachel ausgeschnitten werden kann. Mit dieser Lösung wird zwar die Uniformität im Dekor gewahrt, doch erfahren die beiden Kanten des Ofens eine gewisse Unruhe, sofern das Blatt geöffnet wird.

Die Blattkachel

Sie ist eine Kachel, bei der die gesamte Vorderseite für Dekor und Verzierung genutzt wird, sie besitzt folglich keinen angefügten Topf mehr. Ihre Ansicht wird als Blatt bezeichnet, die äußeren Bereiche des Blattes als Rahmen, das Innere als Mittelteil. Um den Einbau in den Ofen zu gewährleisten, erhält das Blatt statt des Topfes einen kastenförmigen Ansatz, eben den Kasten.

Das Problem der Serienproduktion

Die meisten historischen Blattkacheln, die seit dem 16. Jahrhundert auftraten, sind mit halbplastischen Reliefs geschmückt. Sie sind oft von einer Feinheit, die mit dem Schnitzmesser nicht zu erreichen ist, zumal eine Negativdarstellung der halbplastischen Ornamente dem Hersteller größte kunsthandwerkliche Fähigkeiten abverlangt.
Um das Problem zu lösen, beschritt der Töpfer einen anderen Weg als bei der Nischenkachel, nämlich den über das Positiv. Von diesem wird dann durch Abformen ein Negativ aus Ton hergestellt und von diesem Model schließlich die Blattkachel.
Der Formenreichtum der Blattkachel ist weit größer als bei der Nischenkachel, fast möchte man sagen: unbegrenzt. Zudem bietet sich die Produktion von Serien mit verschiedenen Formen an, weil einmal für den Ofen eine Vielzahl von Kacheln benötigt wird, zum anderen im Gegensatz zur Nischenkachel eine Wiederholung wegen der plastischen Form nicht zufriedenstellend wirkt. Die Abkehr vom rein planen Dekor bedeutet eine Auseinandersetzung mit den Regeln von Perspektive und Symmetrie, die ein größeres Motivangebot zwingend erfordern. Ein kleines Beispiel soll dies erläutern: Stellen wir uns als Motiv einen Reiter auf einem Pferd vor. Sicher wird das Reittier von der Seite gezeigt werden, entweder nach rechts oder nach links galoppierend. Wenn diese Darstel-

67 Herstellung der Schablone für Blattkacheln mit auswechselbarem Mittelteil.

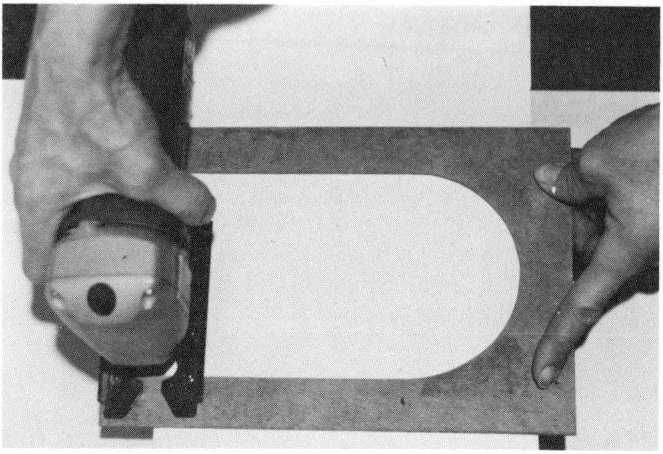

lung nun multipliziert wird, also fünf- oder sechsmal in einer Reihe steht, vielleicht noch ein paar Reihen darüber und darunter zu finden ist, dann erhält der Ofen einen optischen Schwerpunkt, der aus der Mitte in die Galopprichtung des Pferdes verlagert wird. Die Einheit wird erst dann hergestellt, wenn bei unserem Beispiel das Pferd bei aufeinanderfolgenden Kacheln einmal nach rechts, zum anderen nach links schaut oder auf eine rechtsgerichtete Reihe eine linksorientierte folgt. Diese Erfordernisse der Symmetrie müssen wir uns immer vor Augen halten.

Die Einheit, die Kachelmotiv mit Kachelmotiv verbindet, ist der Rahmen, der für die Produkte einer Serie verbindlich wird. Dies bedeutet, daß wir ihn pro Zyklus oder besser noch pro Ofen nur einmal zu schaffen haben, während wir die Mittelteile individuell verschieden gestalten können. Für die Darstellung im Zentrum des Blattes bedeutet dies wieder eine Normierung, ohne die ein Austausch der Mittelteile nicht möglich ist. Wir benötigen demnach einen Rahmen im Positiv sowie ein oder mehrere einsetzbare Mittelstücke, von denen zusammen – als ein Stück – das Negativ gebildet wird. Der einheitliche Rahmen und die auswechselbaren figürlichen Bereiche sind geradezu eine Aufforderung zur Produktion im Team, bei der jedes Familienmitglied oder jeder Teilnehmer an der Arbeitsgruppe seinen eigenen Entwurf zum Ofen beisteuern kann. Doch sollte hier nicht verschwiegen werden, daß diese Kachel die weitaus komplizierteste der hier beschriebenen Typen ist und vielleicht erst der dritte oder vierte Versuch zu befriedigenden Lösungen führen wird.

Normierung. Aus einer Hartfaserplatte oder aus Sperrholz schneiden wir uns wieder eine Platte im Papierformat DIN A4 und aus dieser mit einer Stichsäge einen »Torbogen« heraus. Der Torbogen ist dabei die Schablone für das Mittelteil, das andere Stück die des Rahmens.

Der Entwurf

Mit dem Entwurf steht und fällt die spätere Ofenkachel, so daß bereits hier mit allergrößter Sorgfalt gearbeitet werden muß. Wir wollen mit einem historischen Muster beginnen, später sollen dann leichtere und auch zeitgemäßere Möglichkeiten vorgestellt werden.
Die Blattkachel der Renaissance zeichnet sich durch fortwährende Verwendung von religiösen Motiven aus, die im späten 16. Jahrhundert von Allegorien und sonstigen figuralen Motiven aus klassischen Werken ersetzt, aber nicht völlig verdrängt werden.
Wenden wir uns zunächst den Heiligen- oder Apostelbildnissen zu als der leichtesten Gattung innerhalb der biblischen Motivwelt.
Für unseren Entwurf wählen wir eine Vorlage aus dem Apostelzyklus von Lukas Cranach dem Älteren, aus dem Buch »Das gesamte graphische Werk« (Stuttgart und Salzburg 1972), das über jede öffentliche Bibliothek zu erhalten ist. Von dem Druck fertigen wir uns eine Fotokopie, die wir mit einem Storchenschnabel oder mit Hilfe eines Episkops so weit vergrößern, daß die Figur gut in den Bogen des Kachelblattes paßt. Es gibt auch Geschäfte, die als reine »Kopieranstalten« über Geräte mit Vergrößerungsmöglichkeit verfügen.
Zu kleine Darstellungen wirken verloren, bei Übergröße wird der Apostel optisch in den Rahmen gequetscht. Beides wollen wir vermeiden.

68 Vorlage für das Mittelteil und Markierung der relevanten Linien.

Haben wir nun unsere Vorlage in akzeptabler Größe auf einem Blatt Papier, so legen wir es mit der Rückseite auf die abgeschnittene Tonplatte in Größe des Mittelteils, das wir uns zuvor mit der Schablone zurechtgeschnitten haben. Mit einer Stecknadel perforieren wir, den Hauptlinien der Graphik folgend, das Papier bis in den Untergrund, so daß sich das Bild auf der Tonplatte abzeichnet.

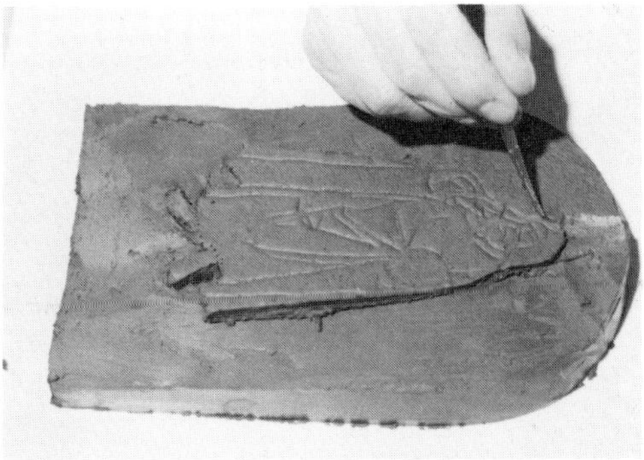

Das Positiv

Der Kontur entlang werden nun von der Platte hin zur Außenkante ungefähr 3 mm abgestochen, damit die Figur erhaben wird. Dazu können wir ein gewöhnliches Küchenmesser nehmen oder aber ein Modellierholz mit einer flachen Seite. Nunmehr schaben wir auf den Flächen zwischen den Punktierungen Ton ab und häufen ihn auf den Linien wieder an. So läßt sich nach und nach ein halbplastisches Bild erstellen, bei dessen Herstellung wir immer den Entwurf vor Augen haben sollten. Wird ein

69 Übertragung der Vorlage auf die Tonplatte durch Perforieren.

70 Abtragen der Randzone mit einem Messer.

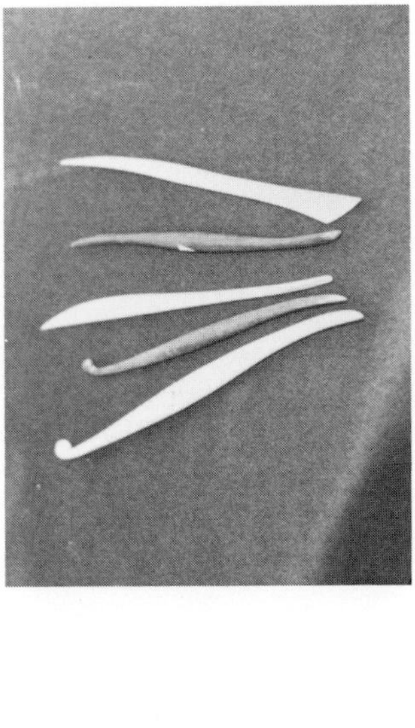

71 Satz verschiedener Modellierhölzer.

72 Anhäufen des Materials entlang der Perforierung.

73 Hl. Bartholomäus. Ausführung B. Demel (Rohmodel ungeglättet).

74

75

74 Hl. Jakobus d.Ä. Ausführung F. Buchmeier (Rohmodel, ungeglättet).

75 Hl. Jakobus d.J. Ausführung Verfasser (Rohmodel, ungeglättet).

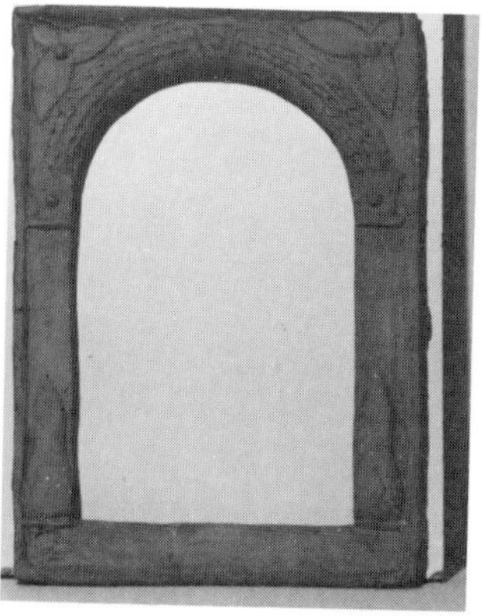

76 Rahmen für Blattkachel mit auswechselbarem Mittelteil.

Bereich auf der Kopie besonders stark betont und plastisch hervorgehoben, so können wir hierfür von unseren Abfällen kleine, dünne Würstchen zwischen den Fingerflächen rollen, die wir auf die entsprechenden Stellen legen und verschmieren.

Das gesamte Verfahren mit den Punktierungen dient allein dem Zweck, daß unser Bild nicht allzugroße Verzerrungen erhält und besonders, was die Proportionen von Körper und Extremitäten anbelangt, wohlgestaltet wird. Natürlich ist es jedem unbenommen, direkt nach der Vorlage gleich auf der Platte zu modellieren.

Es ist dabei noch zu beachten, daß vorstehende Teile bei unserem Positiv nicht unterhöhlt werden, also nicht breiter sind als darunterliegende, denn sonst ließe es sich nicht ohne Beschädigung abformen.

Ganz zum Schluß legen wir unsere Rahmenschablone nochmals an und überprüfen die Größe des Bildes.

Mit dem Rahmen wird ähnlich verfahren. Weil es hier nicht in erster Linie auf die Proportionen ankommt, können wir ihn ruhig frei nach einem Entwurf modellieren, am besten läßt sich seine Gestalt von irgendeinem alten Torbogen abschauen. Nur müssen wir hier darauf achten, daß die linke Seite der rechten entspricht. Dies läßt

sich durch einfaches Abmessen kontrollieren, oder aber wir wählen den Weg über den Entwurf, wie er bei der Nischenkachel beschrieben wurde. Nach Beendigung dieser Arbeiten überprüfen wir mit der Mittelteil-Schablone nochmals das Maß, indem wir die Bogenfüllung in den Freiraum legen. Überstehende Teile sollten gleich jetzt abgeschnitten werden. Die Basis des Rahmens sollte frei von Verzierungen sein. Hier ließe sich beispielsweise eine Inschrift anbringen, die entweder den dargestellten Apostel bezeichnet oder den Namen des Herstellers, vielleicht auch das Jahr oder beides zusammen. Da wir den Rahmen im Gegensatz zum Mittelstück nur ein einziges Mal modellieren, sollte die Inschrift nicht direkt aus dem Positiv heraus gestaltet werden, sondern erst später zusammen mit dem Negativ.
Wenn wir noch bei der Apostelserie bleiben, so erhöht sich der Wert des Ofens, je mehr Personen dargestellt werden. Insgesamt gibt es mit dem Heiland 13 verschiedene Darstellungsmöglichkeiten, die sich in Haltung, Gestik und durch ihre Attribute unterscheiden.
Bevor wir uns dem Negativ, dem eigentlichen Model, zuwenden, sollten Rahmen und Mittelteile 14 Tage bis drei Wochen gut trocknen und erst dann gebrannt werden, um Risse und Zerstörungen zu vermeiden. Vor dem Brand empfiehlt sich zusätzlich das Abschleifen der rauhen Oberfläche mit feinem Sandpapier oder mit einer kleinen rotierenden Drahtbürste. Auch sollte noch einmal überprüft werden, ob das Mittelteil auch wirklich in den Rahmen paßt. Jetzt sind noch Anpassungen mit Schleifpapier möglich, nach dem Brand nur noch mit großem Aufwand.

Das Negativ

Wir überspringen an dieser Stelle die Probleme des Brandes und gehen von gebranntem Rahmen und Mittelteil aus. Das Negativ ist unser Model, von dem die Kacheln geformt werden; das Positiv war nur ein Hilfsmittel.

Rahmen und Mittelteil legen wir auf unsere Arbeitsplatte, aber so, daß Hohlräume vermieden werden, weil dort die Bruchgefahr zu groß wäre. Unterschiedliche Höhen zwischen beiden Stücken können durch Unterlegen von Ton

77 Abformen des Negativs vom gebrannten Positiv. Das Mittelbild ist bereits abgenommen.

aufgefangen und ausgeglichen werden, allzu große Zwischenräume zwischen Mittelteil und Rahmen füllt man am besten mit Gips aus.

Nach diesen Vorbereitungen legen wir eine große Tonplatte über beide Teile und drücken den Ton kräftig von innen nach außen auf das Positiv. Weil das so entstehende Model für längere Zeit in Gebrauch sein wird und deshalb besonders stabil sein muß, empfiehlt sich das Auftragen von mehreren Lagen Ton bis zu einer Höhe von 3 cm. Die Oberseite muß abschließend mit einem Spachtel glattgezogen werden.

Auf diese Fläche wird dann das Model samt dem angefügten Positiv gelegt und ein bis zwei Tage getrocknet. Durch vorsichtiges Anheben mit einer flachen Klinge können wir erst den Rahmen und dann das Mittelteil lösen, doch meist trennen sich Positiv und Negativ durch den Trocknungsprozeß ganz von allein. Gewisse Korrekturen sind jetzt noch mit Messer und Schleifpapier möglich.

Bevor das Model gebrannt wird, muß es wieder gut trocknen; dies gilt um so mehr, je dicker es ist.

Wenn wir unsere spätere Kachel mit einer Inschrift zieren wollen, müssen wir diese beim Model berücksichtigen.

78 Auflegen der Inschrift auf das Positiv.

79 Ansetzen des Kastens an die Rückseite des Blattes.

Buchstabe für Buchstabe schneiden wir dazu aus dicker Pappe aus oder biegen den Schriftzug aus starkem Kupferdraht zurecht. Die Buchstaben ordnen wir auf der Basis des Rahmens, kleben sie unter Umständen leicht an und legen erst dann die Tonplatte auf. Dieses Verfahren hat den Vorteil, daß sich mit Hilfe eines Rahmen-Positivs viele Schriftvariationen herstellen lassen.
Wesentlich leichter gestaltet sich die Arbeit, wenn für den Keramiker die Möglichkeit besteht, Kacheloriginale abzuformen. Möglicherweise findet er sie in kleineren Museen gegen ein geringes Entgelt. Dann brauchte nämlich nur der Kasten angesetzt zu werden, und der langwierige Weg über das Positiv bliebe ihm erspart.

Das Ausformen der Blattkachel. Nachdem das Tonmodel durch den Brand in einen haltbareren Zustand als zuvor gebracht wurde – bei Beschädigung kann immer noch auf das Positiv als neuerliche Vorlage zurückgegriffen werden –, formen wir unsere Kachel nach dem bereits bei der Nischenkachel beschriebenen Verfahren aus. Nur erhält die Blattkachel anstelle des Topfes einen Kasten angesetzt, der aus 4 bis 5 cm langen Streifen besteht, die in bekannter Weise wie beim Topf angefügt werden müssen.

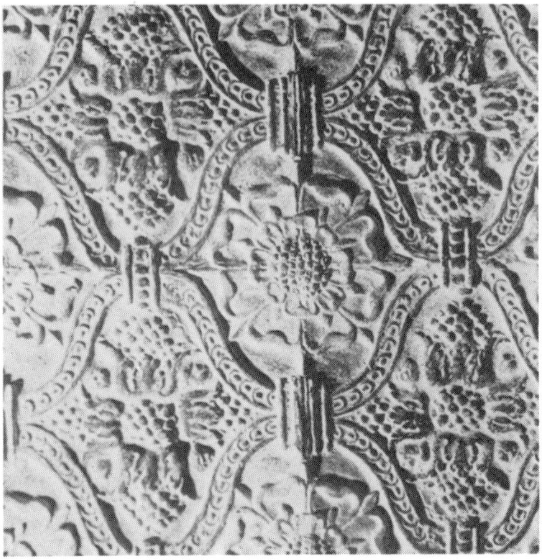

80 *Historische Kachel mit »Tapetenmuster« aus der Zeit um 1600.*

Kacheln mit »Tapetenmuster«

Nachdem wir mit der Topfkachel, der Nischen- und Blattkachel drei grundlegend verschiedene Verfahren und Typen kennengelernt haben, wollen wir uns einem Zwischentyp zuwenden, der seinen Ursprung bei den gotischen Fußbodenfliesen hat: Es ist die Kachel mit »Tapetenmuster«. Durch eine besonders angeordnete Struktur lassen sich vier Exemplare zu einem Großmuster vereinen, von denen sich jeweils zwei nebeneinanderliegende Stücke mit zwei anderen Nachbarstücken wiederum zu einem weiteren Großmuster verbinden. Ähnlich wie bei den Tapetenbahnen erhalten wir auch hier ein zusammenhängendes Muster. Daher die Bezeichnung.

Dieser Typus stellt deshalb eine Zwischenform dar, weil er weder eine Nischenkachel ist – da Topf und Nische fehlen – noch eine Blattkachel im eigentlichen Sinne, weil bei ihr Rahmen und Mittelteil eins sind. Um sie herzustellen, benötigen wir eine quadratische Holzplatte, auf die wir unseren Entwurf bringen. Dieser wird nach der bei der Nischenkachel beschriebenen Technik in das Holz geschnitten. Das Ausformen ähnelt wiederum dem

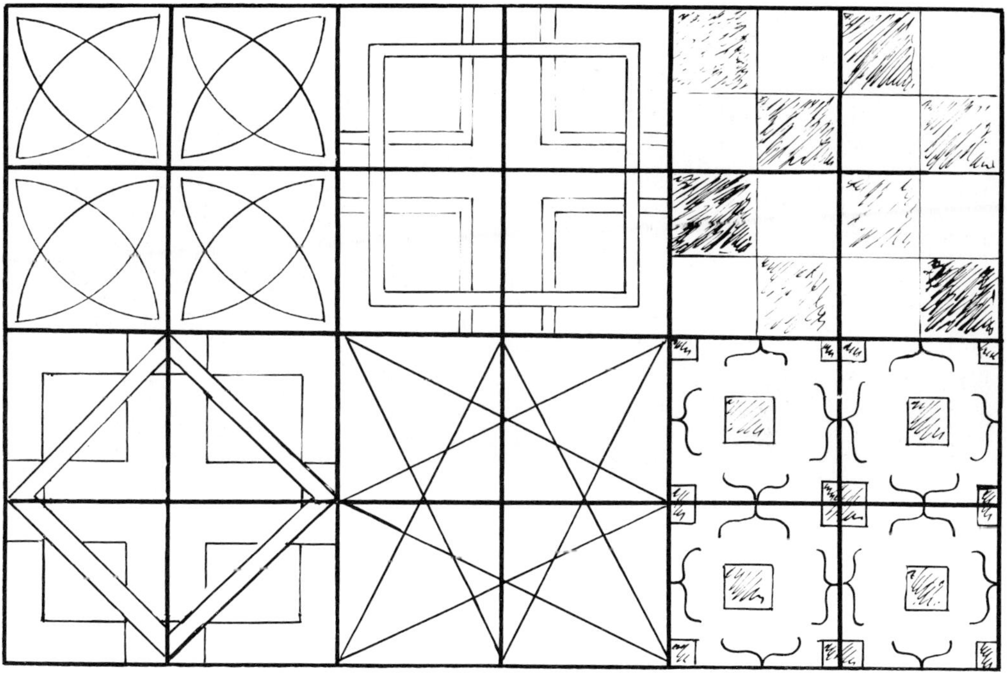

Verfahren bei der Nischenkachel, nur braucht man keinen Topf, sondern einen Kasten.
Die hier vorgestellten sechs Entwürfe stellen nur eine kleine Auswahl der vielen Möglichkeiten dar. Am einfachsten in der Ausführung sind geometrische Gebilde. Sofern durch das Großmuster flächenhafte Formen auftreten, empfiehlt sich eine unterschiedliche Ebene für bestimmte Flächen. Dies erreicht man am besten dadurch, daß man die Form in einen Schraubstock bringt und die gedachten Flächen mit einem Stemmeisen herausarbeitet. Die verschiedenen Ebenen sollten sich dann später auch durch eine unterschiedliche Glasur abheben.

Weitere Möglichkeiten findet der Heimwerker schnell, wenn er sich die Kollektionen eines Tapetengeschäftes ansieht oder das Angebot an keramischen Fliesen prüft. Wie historische Kacheln aussehen, wurde mit dem Bild-

81 Designvorlagen für Kacheln mit »Tapetenmuster«.

82 Nischenkachel als »Sparschwein«.

83 Nischenkachel beziehungsweise Befeuchterkachel als »Nistkasten«.

84 Nischenkachel als »Blumentopf«.

material der kurzen geschichtlichen Darstelung am Anfang gezeigt.
Unabhängig von der Verwendung des Holzmodels für die Ofenkachel lassen sich mit der Form auch Boden- oder Wandfliesen herstellen, die im Gegensatz zur Kachel keinen Kasten benötigen. Eine aufgerauhte Rückenseite fördert in diesem Fall die Haftung mit dem Mörtel.

Die Ofenkachel als häuslicher Zierat

Unabhängig von der Zweckbestimmung der Kachel als Ofenelement können einzelne Nischenkacheln auch andere Funktionen im Haus übernehmen, wobei die hier genannten Vorschläge noch weitere interessante Varianten zulassen.
Sofern das Blatt vorn nicht ausgeschnitten wird, sondern nur einen kleinen Schlitz erhält, ist aus unserer Ofenkachel ganz einfach ein »Sparschwein« geworden. Ein kleines, rundes Loch von etwa 3 bis 5 cm im Durchmesser läßt aus der Nischenkachel einen Nistkasten für die Gartenvögel werden, der auch auf Balkonen und Terrassen seinen Platz findet. Ebenso kann mit einer weiteren Variante leicht ein Windlicht entstehen oder ein in eine

Wand einzulassendes Gefäß, das Zimmerpflanzen aufnimmt.
Bei den Blattkacheln ist die Verwendungsmöglichkeit außerhalb des Ofens etwas eingeschränkt: Sie lassen sich lediglich als Einzelstücke – wie die Nischenkacheln übrigens auch – an beliebiger Stelle als dekorativer Wandschmuck aufhängen oder aber – wie bei historischen Vorbildern – als Füllungen in Holzarbeiten, in Tischen oder Schranktüren einlassen. Schön anzusehen ist auch eine fest in den Putz einer Wand eingelassene Kachel an wirkungsvoller Stelle.
Die Topfkachel hingegen kann vom Aschenbecher bis hin zum Blumenübertopf einen zusätzlichen Zweck erfüllen.

Keramische Elemente für Öfen im Stil des 18. und 19. Jahrhunderts

Unter dieses Kapitel fallen sowohl die Aufsatzöfen als auch die sogenannten Überschlagöfen. Während der frühe Aufsatzofen aus einzelnen Kacheln bestand, ist der Typus des 18. Jahrhunderts aus großen Elementen zusammengesetzt, die das Aussehen und die Technologie des Zugsystems bestimmen. Ebenfalls aus Elementen besteht der Überschlagofen, jedoch ist seine Technik grundverschieden vom jüngeren Aufsatzofen.

Der Entwurf

Da der Aufsatzofen aus wenigen Elementen besteht, ist ein genaues Arbeiten besonders wichtig. Während beim herkömmlichen Kastenofen aus Nischen- oder Blattkacheln Normabweichungen in bestimmtem Ausmaß durch unterschiedliche Fugenstärke oder Schamottierung aufgefangen werden können, ist diese Möglichkeit der Korrektur hier nicht mehr gegeben.
Der Bau dieses Typs beginnt wieder mit einem Entwurf. Zur Erleichterung wird an dieser Stelle ein demontierter Aufsatzofen im Riß gezeigt. Diese Bauzeichnung gilt als Grundmuster, der sich durchaus Variationen anschließen können. Bereits beim Entwurf sollte man daran denken, daß die Elemente auch in den zur Verfügung stehenden

85 Keramische Elemente eines zerlegten Aufsatzofens aus dem späten 18. Jahrhundert: Aufsatz von vorn und von unten, . . .

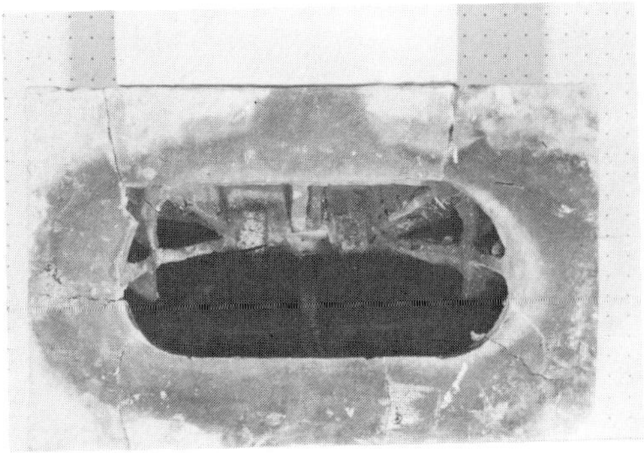

86 . . . Oberteil von hinten (siehe flache Auswölbung für das Ofenrohr) und unten . . .

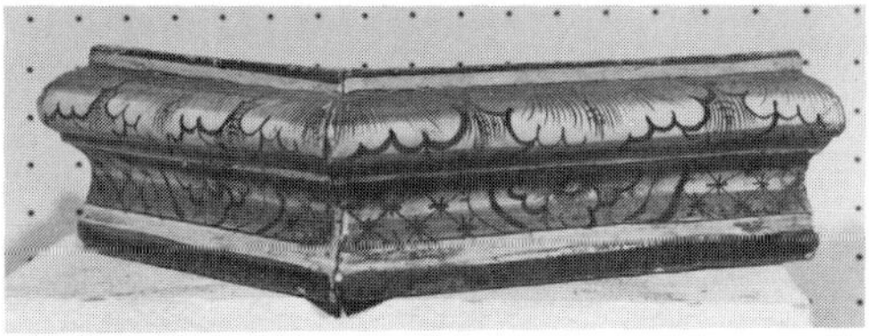

87 . . . Eckelement von vorn und von hinten, . . .

88 . . . Seitenelement, seitlich, innen und von vorn.

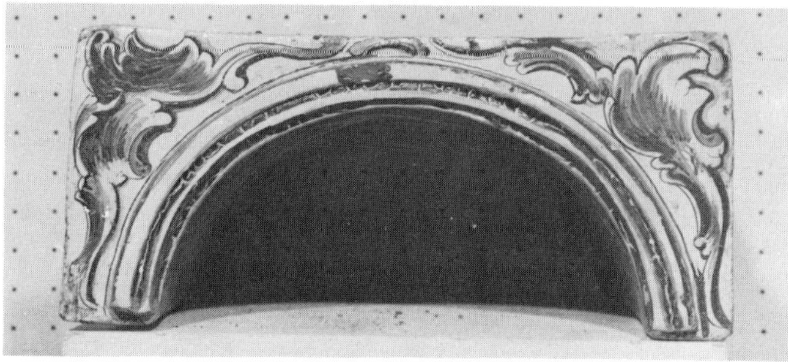

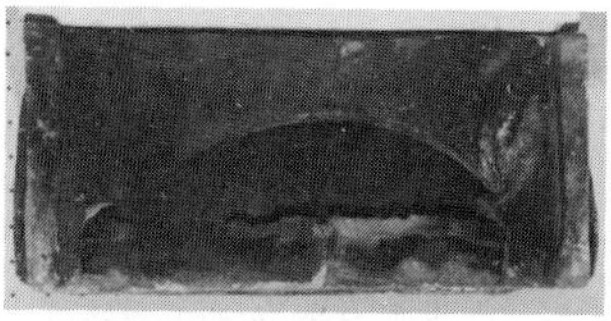

89 *Bogen von vorne rechts, oben links und von der Seite unten.*

90 *Teilweise zusammengesetzte Elemente. Zwischen beiden Bereichen sind verschiedene Lagen von Eckelementen einzufügen.*

Brennofen hineinpassen müssen und dementsprechend die Maße festlegen.
Für einen Überschlagofen hingegen genügt bereits eine flüchtige Skizze oder ein Foto, das als Vorlage genommen werden kann.

Probleme der Heißluftführung

Die Heißluftführung bei Öfen des 18. Jahrhunderts war kompliziert. Da die Öfen kleiner und zierlicher geworden waren, mußte der Zug der heißen Gase auf ihrem Weg in den Schornstein aus wärmetechnischen Gründen ver-

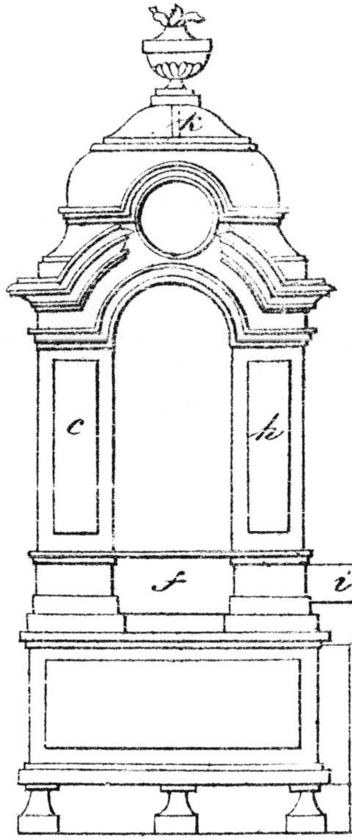

91 *Fuß für den Feuerkasten.*

92 *Aufsatzofen. Aus der Enzyklopädie von Krünitz, 1806.*

längert werden. Dies erfolgte durch schlangenförmige Kanäle, die bereits Bestandteile der einzelnen Ofenelemente sind. Je nach Raumhöhe hatten diese Öfen ein bis sechs Windungen. Da der Keramikbereich im Vergleich zum Kastenofen kleiner dimensioniert ist, werden diese Öfen auch heißer, abgesehen davon, daß der gußeiserne Feuerkasten durchaus zum Glühen gebracht werden kann. Aus diesem Grunde ist in einem Haushalt mit kleinen Kindern von diesem Ofentyp abzusehen.

Aufbau und Stabilität

Der Aufsatzofen wie auch der Überschlagofen werden in erster Linie durch das Eigengewicht der Kachelelemente getragen und gehalten. Bei der Herstellung der einzelnen Elemente ist wegen der Stabilität darauf zu achten, daß

sie durch Nuten und Stege ineinandergreifen. Darüber hinaus können die Elemente miteinander verdrahtet werden. Großformatige Bauteile müssen wiederum in sich gestützt werden, damit sie nicht im Brand verziehen. Das wird in der Regel durch das Aufsetzen von Querverbindungen in bekannter Weise mit Aufrauhen und Schlickerauflagen erreicht. Diese Verbindungen bilden zugleich Fächer, die beim Setzen des Ofens mit Lehm ausgefüllt werden. Diese Lehmfüllungen machen die einzelnen Elemente gewichtiger und somit auch stabiler, sie dienen als Wärmespeicher und nehmen vor allem die große Hitze zur Schonung der keramischen Wandung auf. Geschlossen wird der Ofen von einem deckelartigen Element, das besonders schwer sein sollte.
Der Überschlagofen ist völlig anders aufgebaut. Von außen her erscheint er als eine Einheit: Er besitzt keinen eisernen Feuerkasten, sondern ruht auf keramischen Füßen. Für sie können die Beine eines alten Tisches aus dem 19. Jahrhundert mit ihrer geschwungenen Form und vielleicht noch mit einem Unterteil, das an Löwenklauen erinnert, gut als Vorlage dienen.
Ein solcher Überschlagofen stellt an den Heimwerker höchste Anforderungen. Zunächst zimmert er sich aus Holzkisten und -kästen ein grobes Gebilde, das in Form und Höhe seinem Überschlagofen entsprechen soll. Barocke Formen erreicht er am besten dadurch, daß er die Kastenform mit Leisten besetzt und Rundungen durch das Auftragen von Gipspolstern herstellt. Bei der Wahl seines Materials braucht er nicht pingelig zu sein, denn das Ganze dient nur der Herstellung eines Stützkorsetts. Ist die endgültige Form durch Gips, Draht, Holz oder mit anderen Werkstoffen erreicht, wird die Oberfläche sauber gespachtelt und geglättet. Verzierungen, die wie Stuck auf den alten Überschlagöfen liegen, werden ausgelassen.
Auf dieses Gerüst sind nun dicke Tonplatten von 3 bis 5 cm Stärke aufzulegen und miteinander gut zu verbinden. Ist das gesamte Ofenkorsett unter dieser Panzerung verschwunden, wird die Oberfläche der Tonauflage fein geglättet. Erst jetzt erhält sie ihre ornamentale Gestaltung, sei es durch Auflegen von Tonwürsten, die sich mit dem Modellierholz leicht zu Zierformen gestalten lassen oder

durch Auskratzen in Form der gewünschten Ornamente.

Diese Arbeit kann keine große Unterbrechung vertragen. Durch den Trocknungsprozeß des aufgelegten Tons erscheinen bald Risse, zumal das Gestell diesen Schwund nicht mitmacht. Auf der Unterseite des Kastens soll die Tonauflage so vorgesehen werden, daß eine Führung für die Beine ermöglicht wird.

Hat der Ofen nun sein endgültiges Aussehen erhalten, wird die Tonauflage mit einem scharfen Messer in verschiedene Teile getrennt. Die Führung des Messers soll sich dabei an Kanten und optischen Absätzen orientieren und möglichst nicht den Hauptkörper zerschneiden.

Die abgenommenen Elemente sind so zu lagern, daß sie möglichst wenig verziehen. In zwei bis drei Tagen sind sie oberflächlich getrocknet, aber immer noch plastisch. Nun werden an den Schnittkanten ungefähr 10 cm hohe Tonplatten von gleicher Stärke wie beim Ofen aufgesetzt. Dies erfolgt wieder durch Aufrauhen der beiden Kontaktflächen mit einer Gabel, Anfeuchten mit Wasser und Auftragen von Schlicker als Bindemittel. Gleichzeitig sollten Stabilisierungsstege eingezogen werden.

Nach dem Trocknen von mehr als vier Wochen Dauer werden die Elemente vorsichtig hochgenommen, damit sie nicht brechen, und aneinandergepaßt. Etwaige Verformungen an den Kontaktzonen können jetzt noch mit Sandpapier behoben werden. Die an den Schnittkanten zu beiden Seiten des Schnittes aufgesetzten Stege erhalten jeweils gegenüberliegend Bohrungen, durch die die Elemente später verschraubt oder verdrahtet werden können.

Da der Überschlagofen dieser Art grundsätzlich von einem hinter dem Standort gelegenen Raum beheizt wird, entfällt die Ofentür inmitten der Ansicht. Der gesamte Ofen wird später nur an die Wand gesetzt, in der sich auch das Schornsteinloch befinden muß. Für die Züge, die zu empfehlen sind, ist beim Einsetzen des Stabilisierungssteges bereits mit Führungen zu arbeiten, in die vor dem eigentlichen Aufbau Platten eingesetzt werden können, die den Weg der heißen Gase in den Schornstein bestimmen.

Über Glasuren und Glasieren

Glasuren sind glasartige Überzüge, die keramische Erzeugnisse in dünner Schicht bedecken und auf sie aufgeschmolzen sind. Sie verfolgen den Zweck, die Keramik zu dichten, zu glätten und farblich zu gestalten. Dies kann mit einer Glasur nur dann erreicht werden, wenn ihr Schmelzpunkt unter dem Erweichungspunkt der keramischen Masse liegt.
Glasuren lassen sich nach ihrer Zusammensetzung einteilen, zum Beispiel in bleihaltige und bleifreie, wobei die letzteren vor allem für Keramik benutzt werden, die mit Speisen und Getränken in Verbindung steht; bei Ofenkacheln kann deshalb ohne Bedenken auf Bleiglasuren zurückgegriffen werden. Oder nach der Art ihrer Herstellung (Roh-, Fritte- oder Anflugglasur). Weiter unterscheidet man Gemische mit niedrigem oder hohem Schmelzpunkt, wobei für Ofenkacheln eigentlich nur Glasuren mit niedrigem Schmelzpunkt in Frage kommen.

Nach diesen Erläuterungen wird schon klar, daß die Wahl der richtigen Glasur nicht nur wegen ihrer Farbe, sondern vor allem ihres technischen Einsatzes wegen eine sehr wichtige Entscheidung ist. So ist dieses Kapitel auch nur als Entscheidungshilfe gedacht; wer sich tiefer mit dem Komplex Glasuren anfreunden möchte, der sollte auf das Buch von Werner Lehnhäuser »Glasuren und ihre Farben« zurückgreifen.

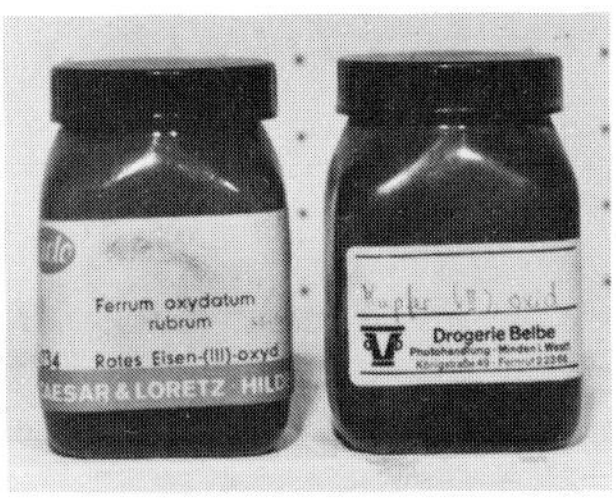

93 Zwei Abgabegefäße mit den Hauptfarbgebern Eisen- und Kupferoxid.

Da der Schmelzpunkt der Glasur unter dem kritischen Temperaturwert des Tones liegen muß, kann als Faustregel gelten: Je roter ein Ton brennt, desto niedriger liegen seine Werte. Bei den Glasuren, die im Handel erhältlich sind – in Drogerien, Chemikaliengeschäften oder beim Heimwerkerbedarf – ist die Verarbeitungstemperatur stets angegeben. Dort kann man sich auch anhand von Farbtabellen genau die passende Farbe aussuchen. Sie sollte in jedem Fall so kräftig sein, daß sie selbst bei dünner Auflage die Farbe des gebrannten Tones überdeckt.

Welche Mischung ergibt welche Farbe?

Wer den Hang zum Experimentieren besitzt, sollte sich seine Glasur selber zusammenstellen. Benötigt wird eine Rohglasur, entweder glänzend oder matt, bleihaltig oder bleifrei, der nach Wahl färbende Oxide beigegeben werden. Dabei muß der Heimwerker wissen, daß diese Beimengungen den Schmelzpunkt der Rohglasur verlagern.

Um bei historischen Glasurfarben zu beginnen: Gelb, grün und schwarzbraun waren die häufigsten Glasuren, wobei die gelbe besonders vom späten 14. bis ins frühe 16. Jahrhundert benutzt wurde. Die grüne Glasur löste die gelbe ab; sie hat ihre Aktualität bis heute nicht eingebüßt. Mit dem Aufkommen von Aufsatzöfen mit einem Feuerkasten aus Eisenplatten erfolgte auch die farbliche Anpassung der Kacheln an das Gußeisen, so daß vom späten 16. Jahrhundert an auch braunschwarze Töne vorkommen.

Eine gelbe Glasur erhält man zum Beispiel durch Zusatz von Titanoxid (TiO_2) in Bleiglasuren, insbesondere, wenn die Rohglasur auch Eisenoxid enthält, eine grüne durch Beimengung von Kupferoxid (CuO) und eine braunschwarze bei folgender Mischung: 4 Prozent Kobaltoxid (CoO), 3 Prozent Eisenoxid (Fe_2O_3) und 2 Prozent Chromoxid (Cr_2O_3) in transparenter Grundglasur, oder durch Mischung von Kobaltoxid mit Eisenoxid und Mangan- oder Kupferverbindungen.

Die hier genannte Mischung für eine braunschwarze Glasur zeigt bereits das Mengenverhältnis zwischen Rohglasur und Oxidbeimengungen auf, das je nach Mischung zwischen 1:20 und 1:10 liegt; oft ist aber schon ein Mischungsverhältnis von 1:25 ausreichend. Genauere Angaben können nicht gemacht werden, denn die Farbintensität ist letztlich auch von der Auftragsstärke abhängig.

Hell- bis tief dunkelblaue Glasuren erreicht man durch Zusatz unterschiedlich stark wirkender Kobaltoxide (von CoO und Co_2O_3 bis Co_3O_4), durch das Karbonat $CoCO_3$ und das Phosphat $Co_3(PO_4)_2$, wobei sich das Karbonat am schnellsten auflöst. Blauviolette bis reinviolette Töne ergibt Kobalt zusammen mit Phosphat und Arsenat, gelbbräunliche eine Nickelverbindung ($NiCO_3$, NiO oder

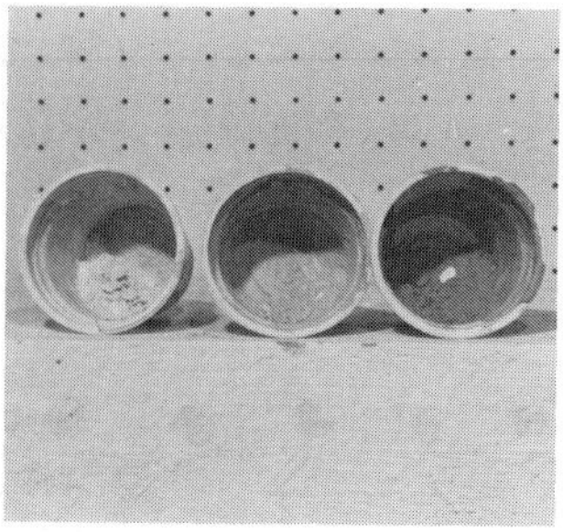

94 Verschiedene Glasurmischungen mit gestaffeltem Oxidanteil.

Ni_2O_3) unter Beigabe von Borphosphat (BPO_4), bei hohem Boranteil bis hin zu leuchtendem Gelb. Eine Kupferglasur schlägt durch Zugabe von Borsäure nach Türkis um, Gelb errecht man durch Antimonoxid (Sb_2O_5) in einer Bleiglasur, unterschiedliche Brauntöne lassen sich durch dosierte Mengen von Eisenoxiden (FeO, Fe_2O_3, Fe_3O_4) erzielen. Nicht zuletzt sollen Metalleffekte erwähnt werden, die bei Übersättigung mit Eisenoxid auftreten.
Dies sind jedoch nur einige Chemikalien, gemessen an der breiten Palette farbgebender Oxide. Es soll hier nicht verschwiegen werden, daß das Gebiet der Glasuren wohl das schwierigste auf unserem Weg zum Kachelofen ist. Es erfordert ein hohes Maß von Erfahrung und eine Vielzahl von Versuchsbränden. Auch die Art des Brennofens kann bei der Farbgebung ausschlaggebend sein – ob er reduzierend oder oxidierend brennt. Doch dies alles soll nicht von eigenen Rezepturen abhalten.
Leichtsinnig ist jedoch derjenige, der sofort seinen Kachelbestand in einen Glasurbrand gibt, sei es nun eine gekaufte oder eine selbstgemischte Glasur. Es empfiehlt sich, vorher mehrere Scherben probeweise zu glasieren, bei denen einmal die Glasur unterschiedlich dick aufgetragen wird, zum anderen verschiedene Oxidkonzentrationen aufweist. In einer Drogerie kann man sich sicherlich einige Gramm eines Oxides abwiegen lassen. Man nimmt zunächst eine Mischung von 3 Prozent Oxid und 97 Prozent Rohglasur und trägt sie auf den Probescherben auf. Danach setzt man nochmals 3 Prozent hinzu und vielleicht auch noch ein drittes Mal. Beim Ansetzen der Glasur ist peinlichst darauf zu achten, daß die Oxide fein gemahlen sind und möglichst homogen in die Rohglasur eingemischt werden. Danach setzt man der Mischung Wasser zu.

Das Auftragen der Glasur

Nachdem die gekaufte oder selbstgemischte Glasur mit Wasser aufgeschlemmt wurde, muß die Flüssigkeit, in der feiner Glasstaub und die Farbgeber schweben, möglichst gleichmäßig auf die zu glasierende Ware aufgebracht werden. Dabei kann man sich unterschiedlicher Techniken bedienen: Einmal gibt es das Übergießen der

Außenseite der Kacheln mit der angesetzten Glasur, zum anderen das Tauchen oder Einpinseln. Spritzen oder Aufschleudern sind technische Verfahren, die hier nicht zum Zuge kommen.
Bei den Nischenkacheln ist zunächst das Füllen des Topfes mit der Glasur zu empfehlen, wobei die Kachel so nach allen Seiten geneigt wird, daß die Glasur an dem gesamten Topfbereich haftet. Über eine Ecke des Topfes läßt man sie wieder ein Gefäß ablaufen, die Randteile des Blattes kann man dann durch Tauchen glasieren. Sofern sich die Glasur des Topfes von der des Blattes unterscheiden soll, muß die Gießspur zunächst mit einem nassen Schwamm entfernt werden. Dann kann das Blatt eingetaucht oder, was wohl einfacher ist, mit einem Pinsel bearbeitet werden. Ein Pinsel hat nur den Nachteil, daß er in Richtung des Striches vor Relieferhebungen mehr Glasur ablagert als dahinter, so daß später dick- und dünnglasierte Bereiche entstehen können. Bei Blattkacheln ist keine besondere Technik zu empfehlen. Nur ist bei allen darauf zu achten, daß der Topf mit der angesetzten Glasur stets umgerührt wird, denn das schwebende Glas besitzt die Eigenschaft, sich schnell abzusetzen. Dies könnte zu einer ungleichmäßigen Auflage führen.

95 Glasieren einer Nischenkachel.

Die Glasur bei keramischen Ofenelementen

Sowohl Überschlagöfen als auch jüngere Aufsatzöfen sind im Stile der Zeit opakweiß (gedeckt weiß) glasiert und mit Malereien verziert. Diese opakweiße Glasur, die unter der Bezeichnung »Fayenceglasur« geläufiger ist, erreicht man durch Zumengung von Zinnoxid, dem bedeutendsten Trübungsmittel.
Um eine transparente Glasur in eine weißdeckende Glasur zu verwandeln, die die Farbe der Keramik nicht mehr durchscheinen läßt, müssen wir 10 bis 12 Prozent Zinndioxid (ZnO_2) beigeben. Selbstverständlich kann auch eine fertige Fayenceglasur über den Handel bezogen werden.
Nach dem Aufbringen der Fayencemischung können mit einem feinen Malerpinsel die Ornamente aufgetragen werden, wobei als Malmittel wiederum eine angesetzte

Glasurmischung in gewünschter Farbe Verwendung findet. Bevorzugte Farbe war früher das Kobaltblau auf weißem Untergrund; es hat bis heute seine Attraktivität nicht eingebüßt.
Sollen bestimmte Ornamente optisch hervorgehoben werden, so kann dies einmal durch Bemalen erfolgen, zum anderen auch durch Goldauflage, wobei Goldstaub in eine kleine Menge Transparentglasur gemischt und dann ebenfalls mit dem Pinsel aufgetragen wird. Allerdings sollten die Scherben vorher bereits glasiert sein. Die Herstellung von Glanzgold erfolgt nach Lehnhäuser über eine lösliche organische Verbindung des Goldes, die nach dem Auftrag bei niedriger Temperatur (bis 800 °C) eingebrannt wird, wobei das Gold als spiegelnde Auflage erscheint. Das Rezept: Zuerst werden 300 g Leinöl, 150 g Schwefelblume und 450 g Terpentinöl gemischt und etwa 2 Stunden bei 110 °C gekocht, anschließend kann das Gemisch abkühlen.
100 g Feingold werden dann in Königswasser gelöst und anschließend bis zur Kristallisation eingedampft, wobei keine HNO_3-Reste bleiben dürfen, weshalb man Wasser und Salzsäure nochmals eindampft, bis sich blutrote Kristalle bilden, die dann in Alkohol (auch Spiritus) gelöst werden. Diese Lösung wird in kaltem Zustand gut gequirlt, auf 50 °C erwärmt und langsam in etwa 800 g des vorbereiteten Gemisches eingeträufelt, gerührt und rund 24 Stunden abgestellt. Danach wird das Ganze wieder auf etwa 800 g eingedampft und anschließend mit so viel Toluol verdünnt, daß es filtrierbar ist.

Glasurfehler

Die häufigsten Glasurfehler sind Haarrisse, die auf Spannungen zurückzuführen sind; denn zumeist ist die Wärmeausdehnung des Scherbens eine andere als die der Glasur. Diese Haarrisse lassen sich durch Verminderung des Flußmittels (Bleiverbindung), durch seinen Ersatz oder durch Erhöhung des Silikatanteils vermeiden.
Bei Absprengung, also beim Lösen größerer Glasurbereiche, muß umgekehrt der Silikatanteil (Kieselsäure) vermindert und der des Flußmittels erhöht werden. Kann oder soll die Glasur nicht geändert werden, so muß der

96 Mehrfaches Beispiel eines Fehlbrandes: Risse durch fehlende Unterstützung des Blattrandes (a), aus Haarrissen im Schrühbrand hervorgegangen (b), Übersättigung der Glasur mit Eisenoxid (c), Anhäufung von Glasurmasse vor Reliefzonen bei Auftragen mit dem Pinsel (d), inhomogene Metallpartikelverteilung duroh schlechtes Einmischen (e), Streifen durch Pinselführung bei unzureichender Glasurmenge (f).

Keramiker auf andere keramische Massen zurückgreifen.

Allzu hohe Schwefelanteile im Ton können zum Erblinden der Glasur führen oder eine der Ursachen für die sogenannten Nadelstiche sein, unter denen kleine kraterförmige Durchbrechungen der Glasur verstanden werden, die als Folge einer Gasentwicklung vom Scherben ausgehen und sich wegen der Zähigkeit der Glasur nicht mehr schließen. Hier empfiehlt sich genauso wie beim Auftreten von Blasen, das Brennen mit höherer Tempera-

tur, eine dünnflüssige Glasur oder eine andere Ton-Qualität.
Kristallisationen rühren fast immer von einer falschen – meist zu niedrigen – Brenntemperatur her, Verkrustungen von zu hoher. Farbflecke sind Hinweise auf ein unzureichendes Einmischen der Oxide in die Rohglasur oder lassen sich mit zu grob gemahlenen Metallverbindungen erklären.

Über den Kachelbrand

Das Brennen des Tones bewirkt, daß die keramische Masse eine Festigkeit erhält, die sie vorher nicht hatte, und daß sie nicht mehr durch Wasser in den plastischen Zustand zurückgebracht werden kann.
Für die Kachelherstellung sind mindestens zwei Brennvorgänge notwendig; der erste wird als Schrühbrand bezeichnet, der zweite als Glasurbrand. Es besteht auch die Möglichkeit, die Glasur bereits auf die ungebrannte Ware aufzubringen und sich so einen Arbeitsgang zu sparen.

Der Schrühbrand

Vor dem Brennen muß die ausgeformte Kachel erst einmal an der Luft trocknen. Dieser Vorgang kann durchaus vierzehn Tage bis drei Wochen in Anspruch nehmen. Entscheidend ist hier die Wandstärke: Dünnwandige Kacheln sind bereits nach einer Woche gut durchgetrocknet, dickwandigere benötigen entsprechend längere Zeit.

Nach dem Vortrocknen oder während des Prozesses können noch letzte Korrekturen an der Kachel vorgenommen werden, wie das Glätten der Oberfläche mit Schleifpapier oder das Einritzen und Einschneiden von Verzierungen. Nach dem Brand ist die Masse so hart, daß sich solche Arbeiten einfach nicht mehr durchführen lassen. Auch sollte vor dem Bestücken des Ofens bei Blattkacheln mit Rahmen das Mittelstück durch Einpassen in denselben Rahmen nochmals auf Größe und Sitz überprüft werden.
Die Trockenlagerung hat möglichst so zu erfolgen, daß die Schwerkraft die Kachel nicht angreifen kann. Für Nischenkacheln bedeutet dies eine Lagerung auf dem Blatt kopfüber, damit sich der überstehende Blattrand nicht durch die noch vorhandene Plastizität der Masse verformen und seitlich absinken kann. Sofern die Kachel auf den Topf gelegt wird, erfordert dies ein kastenartiges Gestell zur Stützung des Blattrandes. Diesen Rahmen

97 Lagerung der Nischenkachel zum Trocknen.

98 *Blick in den bestückten Ofen.*

99 *Armaturen des Brennofens.*

kann man sich leicht aus ein paar Holzleisten zurechtzimmern. Bei Nischenkacheln kommen oft vertikale Risse im Blatt in Fortsetzung des mittleren Ausschnittes vor, die durch das Gestell abgefangen werden können.
Sind die letzten Feinheiten erledigt, werden die rohen Kacheln in den Brennofen gegeben. Sie sind so zu stapeln, daß die Heißluft von allen Seiten an die Stücke herankommt. Hierzu dienen kleine Stege und Näpfe aus Schamotte als Stapelhilfen. Im Gegensatz zum späteren Glasurbrand können die Kacheln in diesem Prozeß durchaus übereinander und viel enger aufgebaut werden. Kacheln mit Trocknungsrissen, die auf ein mangelhaftes Durchkneten des Tones hinweisen oder auf eine unsachgemäße Lagerung, brauchen erst gar nicht gebrannt zu werden: Sie sind Ausschuß.
Nach dem Bestücken des Ofens wird die Brenndauer und die Temperatur eingestellt. Der Temperaturwert muß unter dem kritischen Wert der Tonmasse liegen; eine gute halbe Stunde Brenndauer ist für den Vorgang ausreichend. Hinzu kommt noch die Zeit des Aufheizens, das allmählich und langsam erfolgen soll. Bei Öfen mit elektronischer Steuerung ist eine Steigerung von 30 Prozent eine durchaus praktikable Quote.
Nischenkacheln sollten seitlich unterstützt werden, sofern man sie im Ofen flach lagert. Bei senkrechtem Aufbau empfiehlt sich das Unterlegen einer alten Scherbe oder einer Stapelhilfe unter den Topf.
Besonders wichtig ist das langsame Abkühlen nach dem Brand. Um Spannungen in der Masse zu vermeiden, sollte der Ofen nur bei einer Innentemperatur von weniger als 100 Grad geöffnet werden.
Ist die Tür zur Brennkammer aufgezogen, so wird der Keramiker mit einem Blick erkennen, wie er gearbeitet hat. Liegen bereits gesprengte Stücke auf dem Boden, so waren mit Sicherheit noch Blasen im Ton, deren Luft- und Gasfüllung durch das Erhitzen – was bekanntlich mit einer Ausdehnung verbunden ist – die keramische Masse sprengte, oder es gab noch Restfeuchtigkeit. Kacheln mit durchgehenden Haarrissen sind als Ausschuß zu betrachten, denn diese Risse werden sich – selbst wenn die Kachel den zweiten Brand übersteht – beim Heizen des fertigen Kachelofens wegen des Temperaturwechsels mit

der Zeit vergrößeren und den Ofen undicht werden lassen. Bei kleineren Rissen kann der Versuch gemacht werden, sie abzufangen, indem sie vor dem zweiten Brand mit aufgeschlemmter Glasur eingepinselt werden. Diese Glasur dringt in die Spalte ein und verklebt oder verklammert die beiderseits des Risses liegenden Bereiche.

Der Glasurbrand

Nach dem Glasieren der gebrannten Kacheln, das im folgenden Kapitel genau beschrieben wird, wird der Ofen neu bestückt. Diesmal müssen die Kacheln aber so gelagert werden, daß nicht mehrere Kacheln durch die Glasur zusammenbacken können. Schräge Lagerung birgt die Gefahr, daß allzu flüssige Glasuren nach einer Seite hin abfließen, so daß die fertige Kachel dann nur teilweise glasiert ist. Bei Nischenkacheln erfolgt eine horizontale Lagerung, wobei der Topf wiederum entsprechende Stützung finden muß. Blattkacheln werden am besten auf den Kasten gesetzt.

Die Einstellung des Ofens richtet sich nach dem für die Glasur vorgegebenen Bearbeitungswert. Brenndauer und prozentuale Steigerung des Anheizens können vom Schrühbrand übernommen werden. Der Ofen brennt reduzierend, das heißt, ohne Sauerstoffzufuhr, so daß die farbgebenden Metalloxide zu Metall reduziert, also vom Sauerstoff getrennt werden, oder oxidierend, wobei die Metallverbindungen weiter oxidiert werden. Die Art des Brennens kann Einfluß auf die Farbe der späteren Glasur haben. Es kommt hinzu, daß im Ofen unter der Decke eine höhere Temperatur herrschen kann als auf dem Boden. Die oben gelagerten Kacheln können sich daher von denen in Bodennähe nach dem Brand unterscheiden. Das sind alles Dinge, die man im praktischen Verfahren kennenlernen sollte. Dafür ist auf jedem Fall ein Probebrand zu empfehlen.

Beim Abkühlen sollte, wie schon beschrieben, sorgfältig vorgegangen werden. Bei Schwankungen in der Farbe und leichten Glasurfehlern sollte man seine Kacheln nicht wegwerfen, im Gegenteil: Die Unregelmäßigkeiten sind ein Zeichen dafür, daß handwerklich gearbeitet wurde.

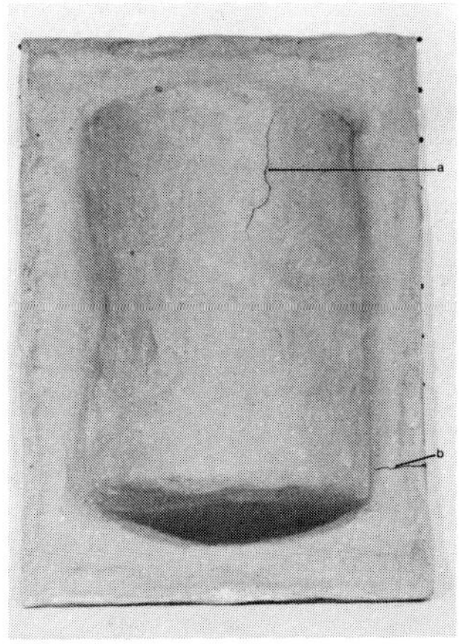

100 Beispiel von verschiedenen Rissen in der gebrannten keramischen Masse: Nicht vom Rand ausgehender Riß (a), der durch Glasur gedichtet werden kann; vom Rand ausgehender Haarriß (b), der bei mangelnder Unterstützung während des Brennens zu einem Spalt werden und sich später im Ofen vergrößern kann (siehe Bild 96).

Wo läßt man brennen?

Die Antwort auf diese Frage ist für den Heimwerker mit das Wichtigste. Sie entscheidet über die Durchführbarkeit des Unternehmens »Kachelofen«. Vorausgesetzt, daß man nicht über einen eigenen Brennofen verfügt, gibt es nur die Möglichkeit, die eigenen Arbeiten zum Brennen in Auftrag zu geben, sei es in einer Ziegelei oder in einer Töpferei. Alternativ dazu sollte festgestellt werden, ob nicht der Brand im Rahmen eines Töpferkurses, beispielsweise an einer Volkshochschule, erfolgen kann. Auch verfügen viele Schulen über eigene Brennöfen in Bastelräumen, die sicherlich gegen eine Spende benutzt werden können. Weil aber diese Öfen nicht immer für große Kapazitäten ausgelegt sind, sollte vorher festgestellt werden, ob sie für den Brand von keramischen Elementen für Überschlags- oder Aufsatzöfen groß genug sind.

Wem nirgends die Möglichkeit des Brennens offensteht, braucht trotzdem nicht auf einen eigenen Kachelofen zu verzichten. Auf diesen Punkt kommen wir im Kapitel über die Alternativen zur Selbstherstellung der Kacheln noch zurück.

Der Aufbau des Kachelofens

Wenn Sie sich bereits einen Vorrat der benötigten Kacheln angelegt haben, sind Sie nun auf direktem Weg zu Ihrem Kachelofen. Obgleich Sie noch einige wichtige Arbeitsgänge vor sich haben, ist jetzt über die Hälfte des Weges zurückgelegt. Diese Kenntnis soll Sie zur Weiterführung ermutigen, selbst dann, wenn Sie Ihren Ofen aus irgendwelchen technischen Gründen abreißen und von neuem aufbauen sollten.

Der richtige Standort

Die Frage, welche Stelle der Kachelofen in Ihrem Haus oder Ihrer Wohnung einnehmen sollte, ist – wie schon angedeutet – das erste Problem, das sich stellt. In erster Linie ist das Platzangebot und nicht so sehr die Größe des zu beheizenden Raumes dafür maßgebend, wie groß der Ofen werden kann. Danach richtet sich dann auch die Anzahl der Kacheln, die man anfertigen muß.
Folgende Kriterien der Standortwahl sollten beachtet werden:

- Sie benötigen im Bereich der vorgesehenen Stelle einen Kamin beziehungsweise Kaminanschluß. Unser Ofen sollte möglichst an den Kamin gesetzt werden, um auf häßliche Ofenrohre verzichten zu können.
- Ihr Ofen sollte – wenn möglich – aus optischen Gründen nicht in eine Ecke gesetzt, sondern an eine große Wandfläche angelehnt sein. Am besten läßt sich der Standort dadurch ermitteln, daß Sie aus Karton oder Wellpappe ein Gebilde in Form und Größe des Ofens bauen, das Sie leicht an verschiedene Standorte bringen können.
- In unmittelbarer Nähe sollten keine leicht brennbaren Dinge vorhanden sein. Bei Balkendecken wird der Abstand zwischen Ofen und Holzdecke durch brandpolizeiliche Vorschriften geregelt, ebenso der Durchmesser des Kaminanschlusses beziehungsweise des Ofenrohres.

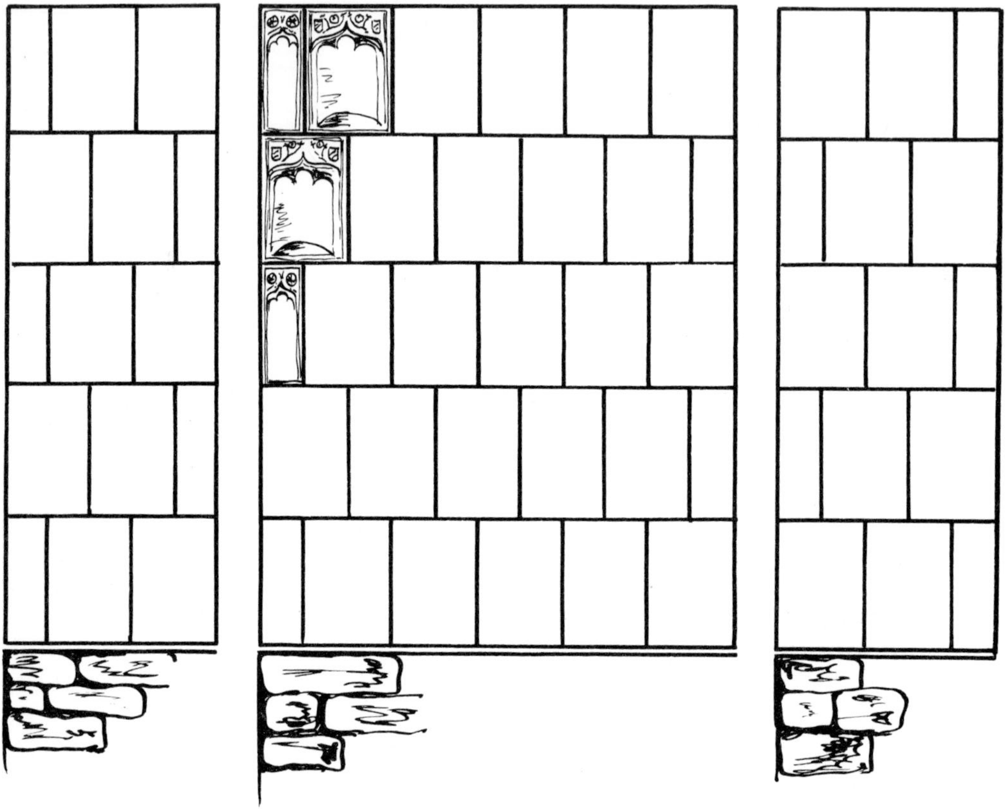

101 *Musteraufrisse für Kastenöfen aus Nischen- oder Blattkacheln.*

○ Sollten Sie anstelle des traditionellen Kachelofens einen mit einem Gas-, Öl- oder Allstoffbrenner anstreben, so benötigen Sie noch die entsprechenden Zuleitungen, die sich allerdings noch nach Festlegung des Standortes dorthin verlegen lassen.

Unter Umständen bedeutet dies alles eine Umgruppierung Ihrer derzeit vorhandenen Einrichtungsgegenstände. Der von Ihnen festgelegte Standort bestimmt auch die Glasurfarbe, die sich an die bereits vorhandenen Grundtöne anlehnen oder mit ihnen harmonieren sollte.

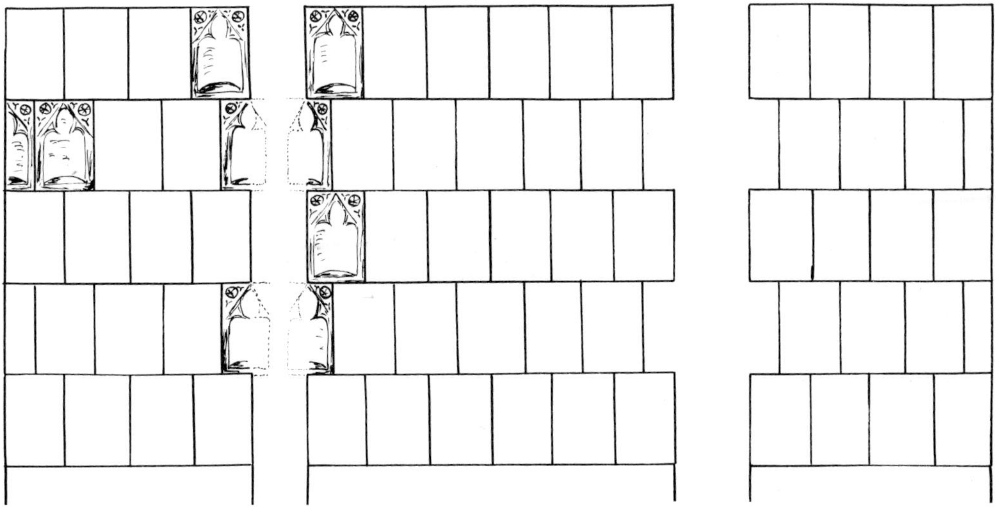

Der Aufriß

102 Aufriß für Öfen mit Eckelementen. Bei den an der Wand liegenden, halbformatigen Kacheln braucht es sich nicht um ein Eckelement zu handeln, es kann auch ein vor dem Brand halbiertes Vollformat sein.

Wie ein Architekt für ein Haus einen Bauplan benötigt, so brauchen auch wir ein Arbeitspapier, aus dem die Anordnung der Kacheln, die Konstruktion des Innenlebens sowie das Aufmaß ersichtlich werden.
Wegen der Unterschiede in den individuellen Standort- und Wohnbedingungen kann hier kein Standardplan vorgestellt werden, wohl aber lassen sich verschiedene Möglichkeiten aufzeigen, die nur die Richtung angeben sollen:
Bei den Nischen- und Blattkacheln ist aus statischen Gründen eine versetzte Anordnung der Stücke ratsam, was wiederum Halbformate erfordert. Diese halbformatigen Kacheln können einmal so angeordnet werden, daß sie eine Reihe umrahmen (die darunter- und darüberliegende Reihe verzichtet dann jeweils auf diese Typ), zum anderen ist eine Formation denkbar, die jeweils abwechselnd am linken und rechten Ende der Reihen ein Halbformat zeigt. Bei diesem Aufbau werden Front und Seiten gegenüber dem ersten System um eine halbe Kachelbreite verkürzt. Bei einer ungeraden Anzahl von Reihen vergrößert sich dadurch die benötigte Zahl von Halbfor-

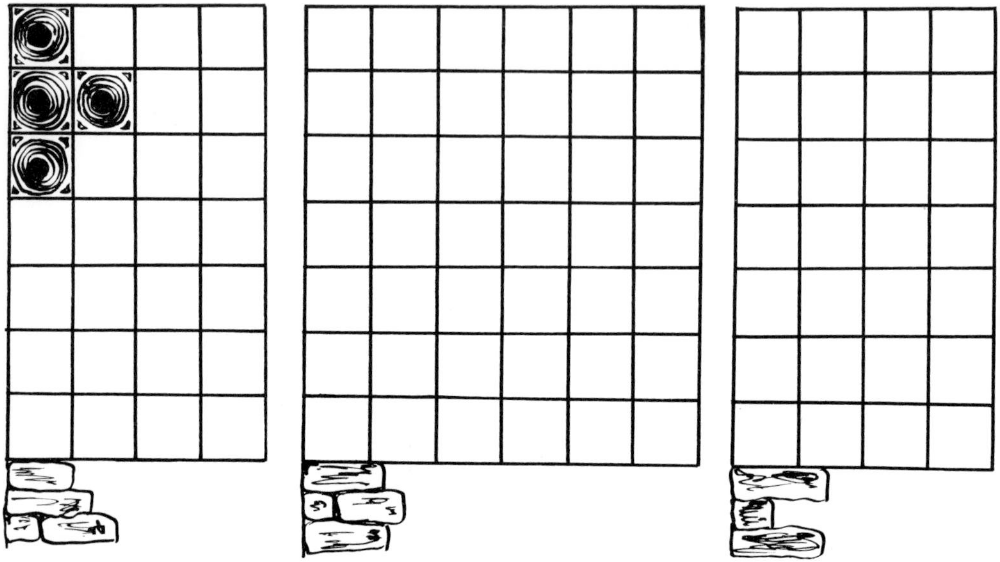

103 Aufriß für Öfen aus Topf- oder Schüsselkacheln.

104 Aufriß für Öfen aus Blattkacheln in »Tapetenart«.

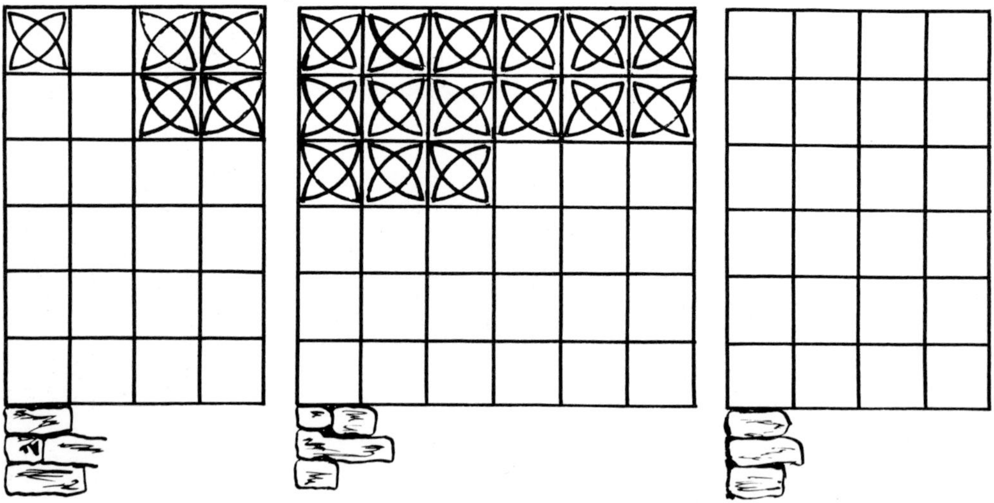

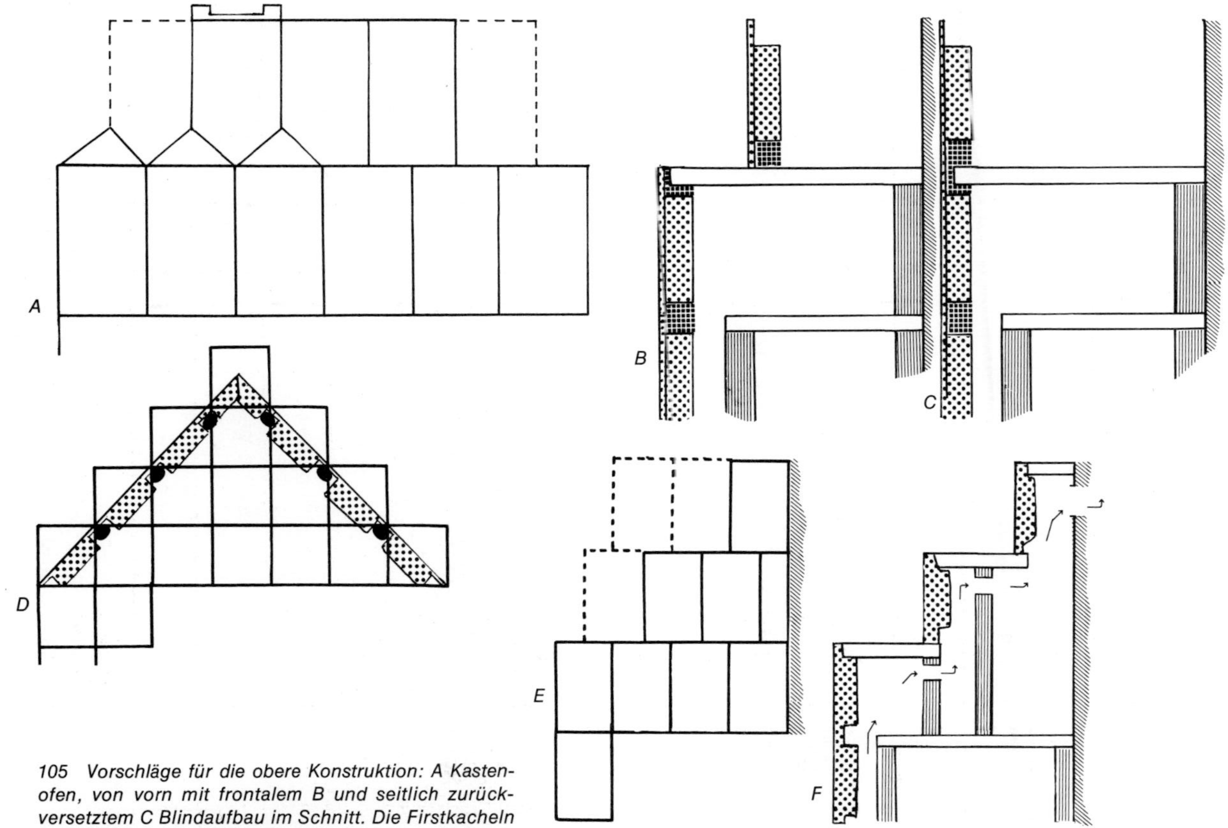

105 Vorschläge für die obere Konstruktion: A Kastenofen, von vorn mit frontalem B und seitlich zurückversetztem C Blindaufbau im Schnitt. Die Firstkacheln der oberen Reihe sind jedoch nur bei der Konstruktion B möglich. D Stufengiebel in An- und Durchsicht, bei dem die Kacheln der Schräge auf Eisenstangen zwischen Wand und Vorderseite liegen. E und F: Nach hinten gestufter Ofen mit funktionalem Aufbau im Schnitt (Streifen = Stützen, Punktraster = Kacheln, Quadratraster = Schamottierung, rasterfrei = Schamotteplatten).

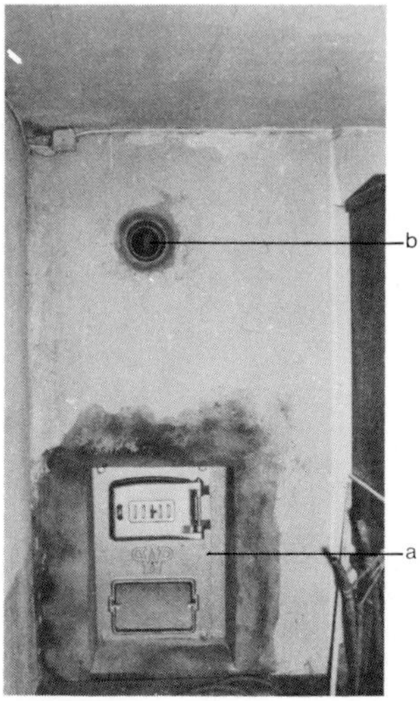

106 Ofentür (a) und Ofenrohrmuffe (b) des Musterofens, der von einem hinter dem Ausstellungsraum gelegenen Nebenraum beheizt wird und nicht direkt an einen Schornstein angeschlossen ist. Die Verbindung zwischen Ofen und Schornstein erfolgte über 3 m Ofenrohr von 12 cm Durchmesser.

maten. Als Nachteil ist noch die Tatsache bei diesem Schema zu werten, daß Eckelemente aus einem Ganz- und einem Halbformat sehr schwer herzustellen sind, leichter sind dagegen kombinierte Eckelemente aus zwei halben Stücken, die nach unserem Entwurf nur zweimal vorkommen.

Bei der Verwendung von Kacheln mit quadratischer Ansicht, insbesondere bei Topf- oder Schüsselkacheln, lassen sich zwar auch halbformatige durch Halbieren und Ansetzen einer Abschlußwand herstellen, sie wirken aber höchst störend, weil diese Form nicht geläufig ist. So sollte man bei diesem Typus auf eine versetzte Anordnung verzichten und dafür von einem kreuzfugigen Setzen ausgehen, was den großen Vorteil hat, daß man mit nur einer Kachelform arbeitet.

Bei den Kacheln mit Tapetenmuster ist darauf zu achten, daß Ansicht und Seiten des Ofens in Breite und Höhe stets eine gerade Anzahl von Kacheln aufnehmen müssen. Andere Kombinationen führen zu einer optischen Zerstörung des Großmusters. Aus diesem Grunde ist nur ein Setzen auf Kreuzfuge durchführbar.

Die an dieser Stelle aufgeführten Grundraster können noch dahingehend ergänzt werden, daß der obere Abschluß des Ofens entweder eine giebelförmige Struktur erhält oder daß die oberste Reihe besonders ausgestaltet wird. Entsprechende Muster finden sich vorn als Firstkachel beschrieben; der dachförmige Aufbau läßt sich bei kreuzgefugter Anordnung nur bei einer ungeraden Anzahl von Kacheln pro Reihe – dies gilt nur für die Stirnseite – verwirklichen.

Bisher hatten wir uns über die Ofentür noch keine Gedanken gemacht. Der Idealfall sieht die Bestückung des Ofens von einem Nebenraum aus vor. Dies wird sich in den wenigsten Fällen realisieren lassen, so daß die Ofentür in die Fassade genommen werden muß. Sie sollte in eine Seitenfläche eingebaut werden, und zwar dort, wo sie am wenigsten stört. Demgemäß richtet sich auch die Gestaltung des Ofenunterbaus. Bei Öfen mit Brenner sind oben und unten – wie am Umschlagbild zu sehen – Gitter oder Luftschlitze einzubauen. Zu den Luftschlitzen kann man am besten dadurch kommen, daß man vor dem Brand seine Kachel entsprechend ausschneidet. Bei

107 Anordnung der Kacheln bei Öfen mit Heizelement bei rückseitigem oder seitlichem Zugang zum Heizeinsatz.

Topf- und Schüsselkacheln ist es am besten, auf den Boden zu verzichten, so daß nur Rahmen und Wandung von dem Topf stehen bleibt; bei der Nischenkachel würde man auf den anzusetzenden Halbzylinder gänzlich verzichten und dafür einen Kasten ansetzen. Das Blatt wäre in diesem Fall auch nicht im Verlauf der Giebelkonstruktion auszuschneiden, sondern mit horizontalen oder vertikalen Schlitzen von 2 cm Breite zu versehen. Bei Blattkacheln mit figürlichem Schmuck empfiehlt sich, anstelle des plastischen Mittelteils eine geradwandige Platte ohne Schmuck zu nehmen und aus dieser die Lüftungsschlitze auszuschneiden. Bei Kacheln mit Tapetenmuster sollten Öffnungen gewählt werden, die sich dem Dekor anpassen.

Wenn jetzt die Ofentür in die Seite eingebaut wird, werden einige Kacheln gespart. Das fällt aber nicht ins Gewicht. Denn die für den Ofen benötigte Anzahl muß wegen der Fehlbrände und des kaum vermeidbaren Bruchs ohnehin größer sein, als nach dem Raster ermittelt. Die Größe der Tür wird sich in den seltensten Fällen mit dem Format einer oder der Fläche mehrerer Kacheln decken. Der sparsame Heimwerker wird die Tür entweder von einem alten Ofen nehmen, den es auf dem Schrottplatz oder noch im eigenen Bestand gibt, oder von einer Firma, die Gußeisenfabrikate herstellt, beziehen. In beiden Fällen ist nicht gesichert, daß ein Rahmen für die Tür erhältlich ist. Um sie herum muß daher ein Rahmen aus Backsteinen gemauert werden, in den die Winkel für die Türhalterung einzulassen sind, ebenso die Rast des Riegels. Hat die Tür keine Luftschlitze, so bieten sich Backsteine an, die durchlöchert sind. Die entsprechende Seite ist dann so zu mauern, daß die Schlitze eine Verbindung zwischen Brennkammer und Zimmer darstellen. Sollte die Tür mit einem Rahmen geliefert werden, so ist dieser in einen Backsteinrahmen zu setzen.

Die Feststellung, wieviel Kacheln für die Tür wegfallen, hängt in letzter Konsequenz von der Tür und dem Rahmen samt Halterung ab. Unter Umständen müssen wir auch noch den Schwund des Tons beim Brennen wissen – als Faustregel kann man 10 Prozent von der Ausformung rechnen –, um die Lücke zwischen Kacheln und Ofentür berechnen zu können. Diese Berechnung ist al-

lerdings nur dann erforderlich, wenn die Verbindungsteile, Backsteine oder Klinker, mit der nach außen zeigenden Seite farblich durch Glasur den Kacheln angepaßt werden sollen. Sofern in der Glasur Brauntöne verwendet werden, erübrigt sich ein Glasieren der in Rot oder Braun gehaltenen Backsteine.
Bei der Berechnung der für den Ofen benötigten Kachelmenge wird zunächst ein Raster gezeichnet, aus dem die Anzahl und die Typen (Voll-/Halbformat) zu sehen sind. In das Raster sollten gleichzeitig die besonderen Kacheln (wie Belüftungsdurchlässe, Luftbefeuchtungskacheln, Eckkacheln, Firstkacheln) eingezeichnet werden. Bei den Befeuchterkacheln empfiehlt sich eine paarweise Anordnung auf der Ansichtsseite, wobei die Kacheln nicht zusammenliegen müssen, jedoch in einer Reihe liegen und innerhalb des Verbandes in bezug auf die Kante symmetrisch angeordnet werden sollten. Symmetrie ist übrigens ein Begriff, der groß geschrieben werden sollte. Der Keramiker kann beispielsweise bei den Nischenkacheln die Form des Blattausschnittes unterschiedlich festlegen und auch bei der »Giebelkonstruktion« der Kachel variieren; er sollte aber die verschiedenen Gestaltungsarten stets mit der Symmetrie in Einklang bringen. Sollte kein traditioneller Kachelofen angestrebt werden, sondern einer mit einem Brennelement, so empfehlen sich bei mittlerer Breite des Ofens (1 bis 1,5 m) unten und oben jeweils zwei bis drei Luftdurchlässe, die auch wiederum symmetrisch angeordnet werden sollten. An den Seiten sollte jeweils oben und unten ein Luftdurchlaß vorhanden sein.
Benötigt der Ofenbauer nach seinen Berechnungen beispielsweise 40 Voll- und 20 Halbformate, so hat er bereits jetzt mit einer Fabrikation in doppelter Menge zu rechnen. In diesem Zusammenhang wird auch auf das Kapitel über den Brand verwiesen.

Der Sockel

Auch hier soll und kann kein Patentrezept vermittelt werden. Die Gestaltung des Unterbaus richtet sich nach Farbe und Material, wobei das Material entscheidend die Farbe bestimmt, und diese wiederum nach dem Raum, in

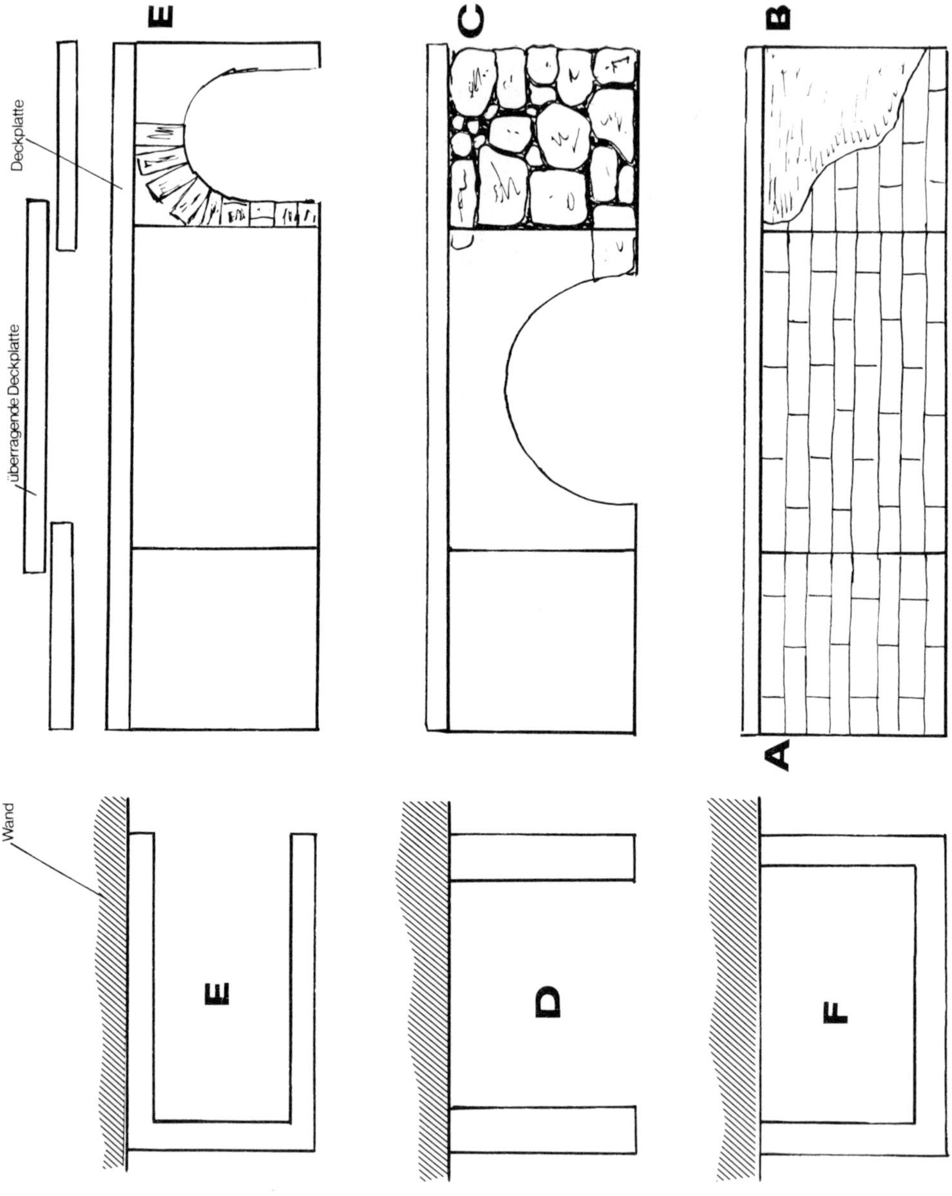
E
C
B
A
Deckplatte
überragende Deckplatte
Wand
E
D
F

dem der Ofen stehen soll. Zudem sollte der Sockel farblich nicht in starkem Kontrast zu den Kacheln stehen.

Sofern wir den Schwund bei unseren Kacheln kennen und die Fuge noch berücksichtigen, können wir die Maße des Sockels genau berechnen. Als Baumaterial für den Unterbau bieten sich Back- oder Klinkersteine an, wobei handgeformte oder solche, die handgeformt aussehen, den Serienprodukten vorgezogen werden sollten. Diese Steine gibt es in verschiedenen Rot- bis Braunnuancen. Besonders schön anzusehen ist ein Bruchsteinmauerwerk; auch hier gibt es eine große Auswahl vom blaugrauen Basalt über gelblich-roten Sandstein bis hin zum grauen Kalkgestein. Bei Klinker- oder Bruchsteinmauerung ist davon auszugehen, daß der Sockel nicht verputzt wird, so daß auf gutes Mauern mit sauberen Fugen geachtet werden muß. Bei Hohlblock oder Kalksandstein kommt der Heimwerker um einen Zementverputz wohl nicht herum.

Als Sockelhöhe werden 50 bis 70 cm empfohlen. Besonders gut macht sich eine Platte oben auf dem Unterbau, die nach vorn und nach der Seite etwa 10 cm überstehen sollte. Dieser Absatz kann später, sofern keine Bank vorgesehen ist, als Ablage von Messingkübeln, alten Keramiktöpfen oder als Standort für ein Windlicht dienen.

Bei einem verputzten Sockel sollte die Farbe passend zur Wand gewählt werden. Am neutralsten dabei ist die Farbe Weiß, insbesondere dann, wenn später nach Fertigstellung des Kachelofens noch eine Holzbank um den Sockel gebaut wird. Mit dieser Sitzfläche kommt zusätzlich Gemütlichkeit ins Haus. Einem Unterbau aus Stein ohne Putz wird die Wirkung durch den Vorbau einer Bank genommen. Aber auch in diesem Fall braucht auf die Sitzgelegenheit nicht verzichtet zu werden; als Standort empfiehlt sich die Wand rechts und links des Kachelofens, wobei die Bank seitlich bis an den Sockel reichen sollte.

Der Unterbau ist eigentlich ein toter Raum. Er kann nur dadurch genutzt werden, daß er nischenartige Öffnungen erhält, die zum Stapeln von Brennholz dienen. (Sofern die Beheizung durch die Wand, an der der Ofen steht, von einem anderen Raum aus oder von einem Flur erfolgt, braucht man freilich den Holzplatz nicht.) Aus opti-

108 Verschiedene Sockeltypen. A Klinker, B Zementputz, C Bruchsteinmauerwerk, D mit zentraler Nische, E mit seitlicher Nische, F ohne Nische siehe Seite 80.

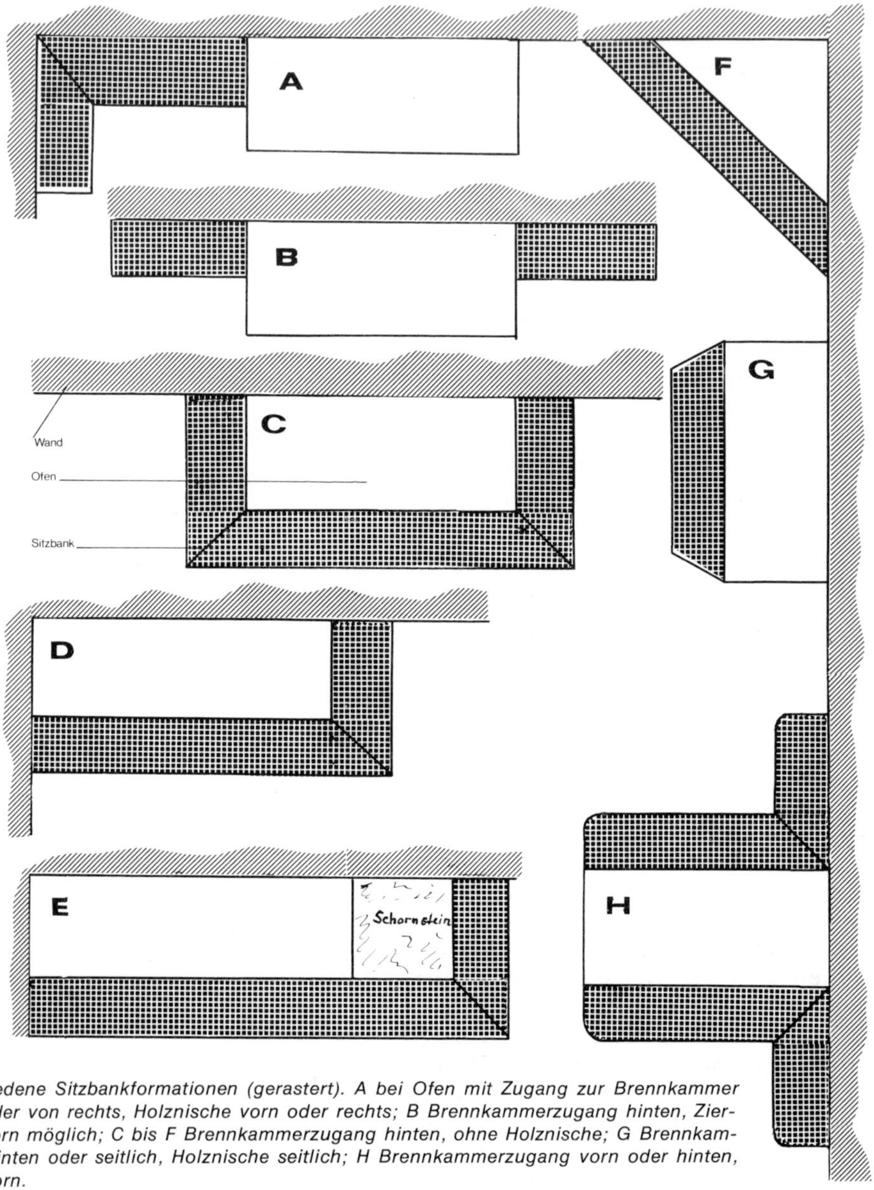

109 Verschiedene Sitzbankformationen (gerastert). A bei Ofen mit Zugang zur Brennkammer von hinten oder von rechts, Holznische vorn oder rechts; B Brennkammerzugang hinten, Zierholznische vorn möglich; C bis F Brennkammerzugang hinten, ohne Holznische; G Brennkammerzugang hinten oder seitlich, Holznische seitlich; H Brennkammerzugang vorn oder hinten, Holznische vorn.

schen Gründen sollte die Tür ohnehin an eine Seite verlegt werden. Unter dieser Öffnung läßt sich dann auch die Nische einbauen. Praktischer kann man die Bestükkung der Heizstätte nicht einrichten. Natürlich kann hier keine Bank mehr vorgesetzt werden. Will man auf die Sitzfläche nicht verzichten, braucht aber einen Stapelplatz für die Holzscheite, so empfiehlt sich der vorn geöffnete Sockel; die Bank kann dann später seitlich, rechts und links vom Ofen, aufgestellt werden.
Sollten Sie sich abweichend von der Tradition einen Kachelofen mit Brenneinsatz anschaffen wollen, so können Sie auf die Nische für die Hölzer verzichten und dafür lieber eine Sitzbank planen.
Bei vielen im Handel üblichen Öfen sieht man leider ein Loch, das etwas vortäuscht, was nicht vorhanden ist – den richtigen Kachelofen. Was früher Sinn und Zweck hatte wird hier zum kitschigen Andenken, und die Nische ist nichts weiter als ein Schmutzloch, über das sich so manche Hausfrau nicht recht freuen wird.

Die Konstruktion der Brennkammer

Die Konstruktion des Innenraumes richtet sich in erster Linie nach der Position des Kaminanschlusses, zum anderen aber auch nach der Lage der Tür.
Historische Kachelöfen besitzen keine Züge. Bei ihnen gingen die warmen Abgase auf direktem Wege in den Schornstein. Selbst bei einigen neueren Typen findet sich dieses Prinzip. Wirtschaftlichkeit bei unserem Kachelofen ist aber nur dann zu erreichen, wenn es gelingt, die Wärme so lange wie möglich im Ofen zu belassen.
Am besten erreicht man das, wenn man die heißen Abgase an den Kacheln entlangführt. Dadurch werden diese besonders schnell aufgeheizt. Um dahin zu kommen, besorgen wir uns in einem keramischen Betrieb große Schamotteplatten, die zusammen weniger als die lichte Tiefe des Ofens beziehungsweise weniger als die lichte Breite ausmachen. Mit einem Trennjäger können die Platten auf die benötigten Maße zugeschnitten werden. Alternativ kann auch eine entsprechende Platte aus Gußeisen genommen werden. Sie werden dann auf Backsteine so gesetzt, daß sie zu den Kacheln hin genügend

Platz zum Entweichen der Abgase lassen, untereinander aber fest zusammenliegen. Besteht die Platte aus nur einem Teil, so entfallen die Zwischenstützen. Auf diese eine Platte kann ein kastenförmiger Aufsatz aus Schamottesteinen gemauert werden. Die Höhe ergibt sich aus der Höhe des Ofens. Er endet ungefähr 30 bis 40 cm unter dem Abschluß des Ofens.

Der Einbau eines Rostes ist nicht notwendig. Die Holzscheite können auf den genannten Unterbau gestapelt werden. Das Feuer erhält seinen Zug daher durch die Tür oder durch eigens angebrachte Luftschlitze. Sollte man aus irgendeinem Grunde den Eisenrost wünschen, so bringt sein Einbau keine Schwierigkeiten mit sich, nur bedarf es dann noch einer zweiten Ofentür – der für den Aschenkasten.

Der Kasten wird nun wieder mit Schamotteplatten abgedeckt. Auf diese Platten kommt nun rundum eine Lage von einem Stein, jedoch mit Durchlässen für die Abgase. Die Höhe dieser Mauerung ist so zu legen, daß sie mit der Kachelfassade und dem Schornsteinloch auf einer Höhe liegt. Die Durchlässe sind dabei so zu wählen, daß die heißen Abgase seitlich an allen Kachelseiten nach oben aufsteigen. Alternativ hierzu lassen sich auch zwei Platten in verschiedener Höhe auf Stützen setzen.

Die längeren Seiten sollten mehr Durchlässe besitzen als die Schmalseiten. Zeigt sich dennoch beim Betrieb, daß die Ofenkacheln nicht gleichmäßig warm werden, weil die heißen Gase sich an bestimmten Bereichen konzentrieren, so muß nachträglich durch eine Verlagerung der

110 Blick in das Zugsystem des Musterofens. Oben in der Mitte die Schornsteinöffnung (a) sowie die frontalen und seitlichen (b) Abzugschlitze (c).

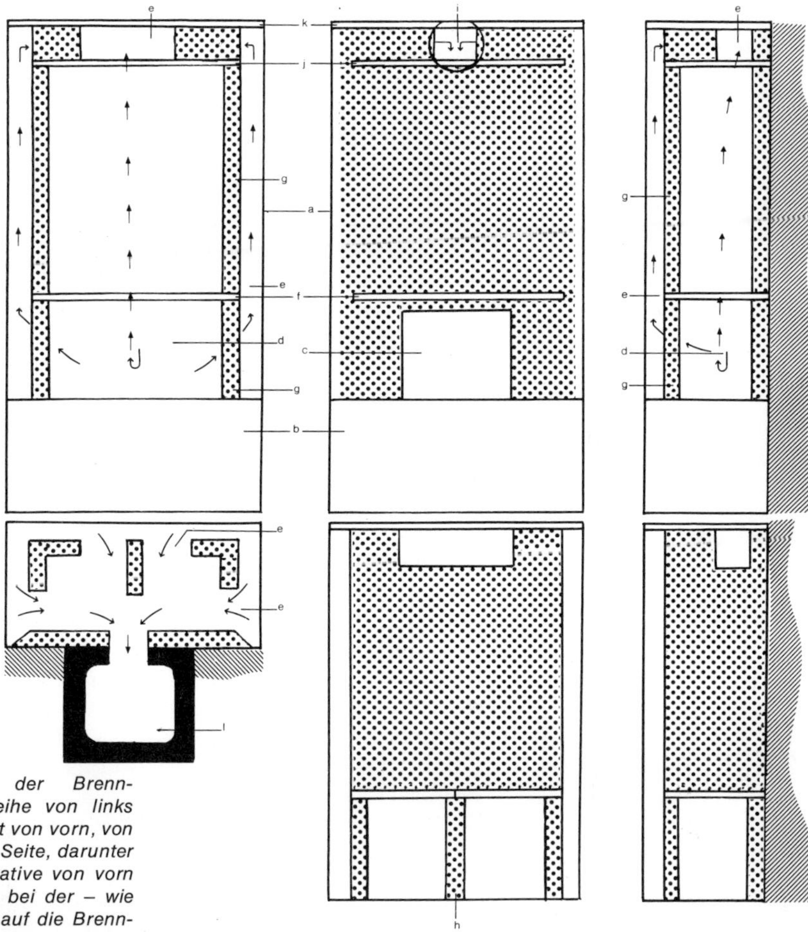

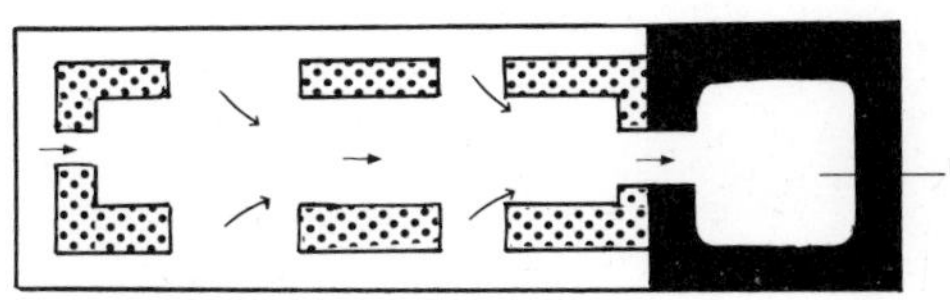

111 Konstruktion der Brennkammer. Obere Reihe von links nach rechts: Ansicht von vorn, von hinten und von der Seite, darunter Aufsicht und Alternative von vorn und von der Seite, bei der – wie beim Musterofen – auf die Brennkammerabdeckung ein Kasten aufgemauert ist. Gerasterte Flächen: Mauerung, Pfeile: Weg der heißen Gase, a Kachelaufbau, b Sockel, c Ofentür, d Brennkammer, e Züge für Brennkammerabdeckung aus Schamotte oder Gußeisen, g Stützen, k zusätzliche Stütze bei zweiteiliger Brennkammerabdeckung, i Schornsteinloch, j Schamotte- oder Eisenplatten, k Abdeckung, l Schornstein.

112 Verschiedene Schornstein-Ofen-Konstellationen. A entspricht im wesentlichen dem Musterofen; B, C und F stellen Aufsatzöfen dar, bei denen das Format weitgehend durch die Eisenplatten vorgegeben ist. Bei C und E hat die Bestückung der Brennkammer vom hinterliegenden Raum aus zu erfolgen. Die nicht gerasterten Flächen verdeutlichen die Heißgasekanäle s. Seite 87.

Durchlässe am Hauptweg und durch Erweiterung der anderen, unter Umständen gar durch Schließung bestimmter Stellen eine andere Zirkulation erreicht werden. Die Lage des Schornsteins beeinflußt die Heizleistung des Ofens, denn wenn der Kachelofen mit einer Seite an den Schornstein gesetzt wird, so fällt diese Seite als Heizfläche fort. Dies gilt genauso für Ecklagen. Ganz besonders wenig Kontaktfläche für Heißgase mit der Zimmeratmosphäre bietet die Überecklösung. Abbildung 112 verdeutlicht verschiedene Ofen- und Schornsteinkonstellationen mit der entsprechenden Heizfläche (nicht gerasteter Bereich). Dabei sieht man, daß der Ofen, der mit seiner Schmalseite in den Raum ragt, die größte Heizfläche aufzeigt.

Besonders bei Öfen mit einer kleinen Kachelfläche ist der Einbau eines »richtigen« Zugsystems anzuraten, bei dem die Abgase in schlangenartigen Windungen an den Kachelrückseiten entlangstreichen.

Hier muß die Brennkammer oben von einer Platte abgedeckt werden, die bis an die Kacheln heranreicht und mit diesen durch die Schamottierung verbunden ist. Die Platte hat einen Ausschnitt von etwa 25 × 20 cm, der sich möglichst an einer der Wand zugewandten Ecke befinden sollte. Beim Mauern des inneren, kastenförmigen Aufbaus ist darauf zu achten, daß sich dieses Loch außerhalb des Schamottekastens befindet. Durch diese Öffnungen müssen nun die Abgase ihren Weg in den Schornstein finden.

Der Zug wird von oben durch Platten oder keramische Fliesen geschlossen, und zwar so, daß sie auf der einen Seite auf den Töpfen oder Kästen zweier Kacheln in der Schamottierung liegen, auf der anderen Seite in den Mauerverband des inneren, kastenförmigen Aufsatzes reichen. Diese Abdichtung reicht nun nicht rundum, sondern an einer Stelle bleibt eine Öffnung bestehen. An der der ersten Öffnung entgegengesetzten Seite bleibt in der Fliesenabdeckung der nächsten Reihe ein Durchlaß, der bei der übernächsten Reihe am entgegengesetzten Ende sein muß. So schlängelt sich der Zug in die Höhe, bis sein Weg den direkten Zugang in den Schornstein erhält.

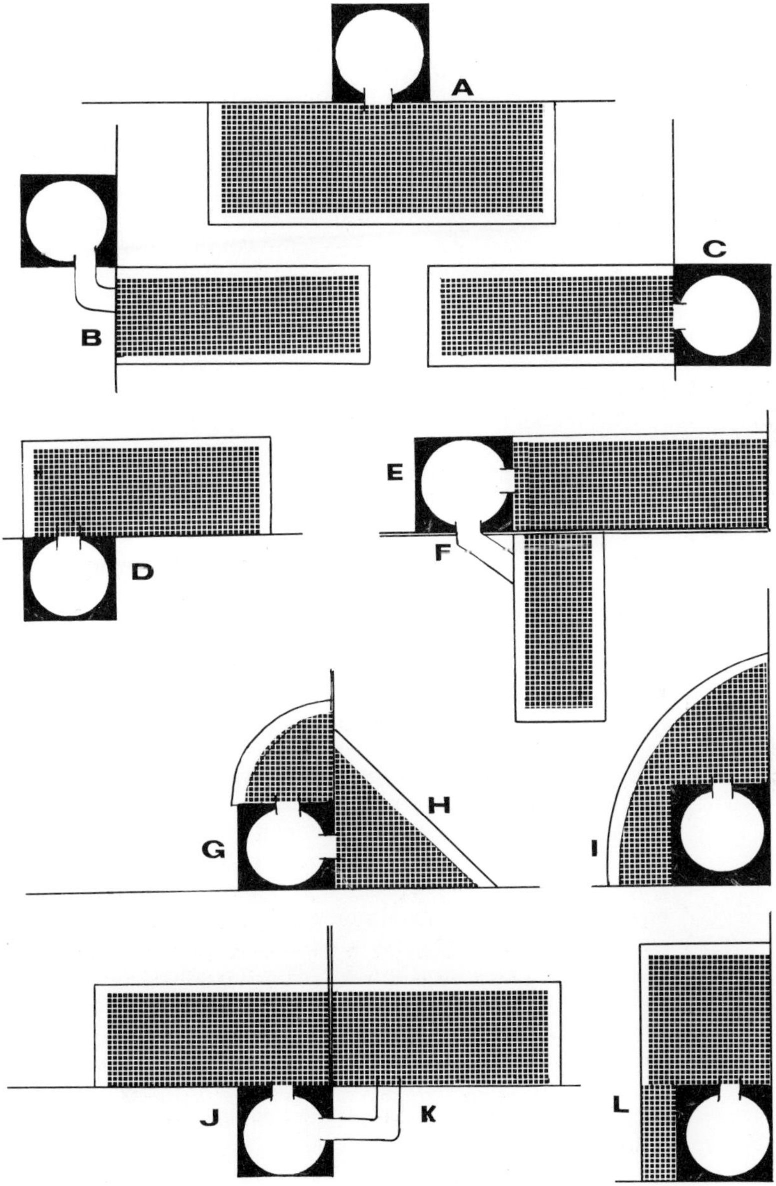
A
B
C
D
E
F
G
H
I
J
K
L

Der Schornsteinanschluß

Entscheidend für die Position des Kachelofens im Raum ist die Lage des Schornsteins.
Ein vorgesetzter Kamin in einer Ecke oder auf der Wand sollte in den Ofen einbezogen werden. In diesem Fall kann der Schornstein innerhalb des Ofens nur seitlich angeordnet werden. Eine zentrale Lage würde der Brennkammer zu wenig Raum lassen. Diese periphere Anordnung des Kamins ist dann immer erforderlich, wenn die Bestückung des Ofens von einem hinter der Heizung befindlichen Raum aus erfolgt. Bei der Runden- und Übereckform gibt es für die Holznische keine Alternative, sofern die Befeuerung vom selben Raum aus erfolgt. Denn die Ofentür muß bei dieser Variante in der Mitte sitzen.
Ist kein Schornstein in der Nähe, so wird die Sache problematisch. Dann muß ein Ofenrohr die Verbindung herstellen.
Sofern das Verbindungsrohr zwischen Ofen und Schornstein seitlich angesetzt werden muß, was nur eine Notlösung sein sollte, muß auf eine Kachel verzichtet werden. In diesen Durchbruch wird dann das Rohr mit Schamottemörtel eingemauert. Zusätzliche Teile sind an dieser Stelle nicht erforderlich.

Die Ofentür

Grundsätzlich empfiehlt es sich, sofern der Kachelofen an einer Wand liegt, hinter der sich ein Flur oder ein Nebenraum befindet, die Ofentür in diese Wand einzusetzen, ihn also von rückwärts zu bestücken. Natürlich spielt die Lage des Schornsteins dabei eine entscheidende Rolle. Mit Ausnahme von Übereck- oder Rundkonstruktion sollte die Tür alternativ in eine Seite gesetzt werden, und zwar dorthin, wo sie am wenigsten sichtbar ist oder – anders ausgedrückt – am wenigsten stört.
Um die Kosten für die Anlage so niedrig wie möglich zu halten, sollte man eine alte Tür aus einem Kohleofen oder einem Waschkessel verwenden. Auf chemischem Wege oder mittels Sandstrahlgebläse läßt sich das Metall entrosten. Neben der Tür selbst, der man zu neuem Glanz verholfen hat, sollte auch der meist gußeiserne

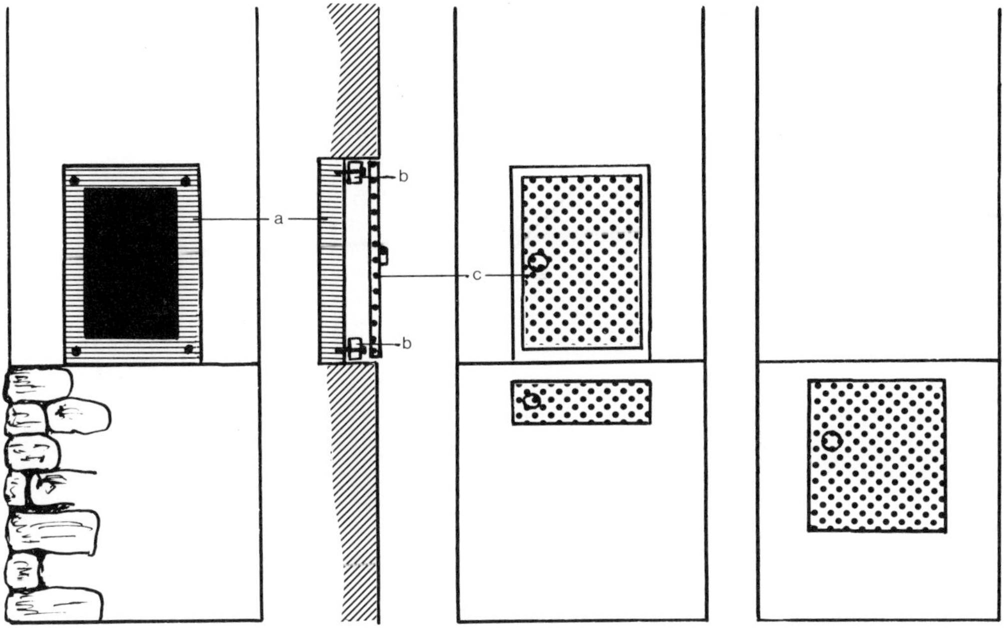

113 Anordnungsmöglichkeiten der Ofentür. Links: außerhalb des Sockels, Mitte: außerhalb des Sockels mit Aschkasten im Unterbau, rechts: außerhalb der Brennkammer, innerhalb des Sockels (a = gemauerter Rahmen, b = aufgeschraubtes Türfutter, c = Ofentür).

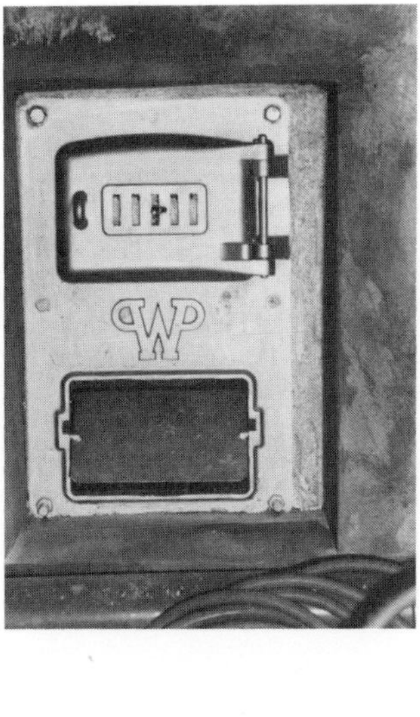

114 Beispiel für Ofentüren: Von einem abgerissenen Backofen (links), von einem ausrangierten Waschkessel (rechts). Auch die Türen von alten Kohleöfen mit ihren Rahmen sind geeignet.

Rahmen verwendet werden, der dann nur noch in ein Klinkerfutter eingesetzt zu werden braucht. Wenn Sie sich zu einem runden Ofen entschlossen haben (siehe Skizze), kann auch der keramische Unterbau des Waschkessels als Bauteil verwendet werden. Mit einem Trennjäger wird daraus ein Ausschnitt in der benötigten Größe herausgeschnitten. Auf diese Weise braucht man sich nur noch um den keramischen Aufbau des Ofens zu kümmern.

Neben der Ofentür, die den Zugang zur Brennkammer verschließt, kann noch eine weitere Tür für den Aschenkasten eingebaut werden. Doch darf man ruhig auf diese Tür verzichten, es sei denn, daß die Haupttür nur in Verbindung mit dem Aschenkasten erhältlich ist. Die zweite Tür müßte dann in den Sockel eingesetzt werden.

Außerdem kann man auch die Ofentür und damit die gesamte Brennkammer in den Sockel verlegen. Für die Konstruktion der Brennkammer hat dies keine Auswirkungen, selbst wenn man davon absieht, daß die geplante Konstruktion nach unten versetzt wird. Für den Einbau der Ofentür ist dies eine gute Lösung; der Bau des Sockels wird hierdurch vereinfacht, weil die frontale Holznische entfallen kann. Eine seitliche, kurze Nische kann hingegen bestehenbleiben, doch darf ihr Zugang nicht auf der gleichen Seite liegen wie die Ofentür.

Kleine Türen aus alten Ofenanlagen eignen sich dazu, beispielsweise eine Blechtür, die normalerweise als Reinigungsklappe für Schornsteine verwendet wird.

Die obere Abdeckung

Besondere Sorgfalt müssen wir bei der Abdeckung des Ofens aufwenden. Durch undichte Stellen können nämlich giftige Abgase in den Raum entweichen, was sicherlich nicht im Sinne des Heimwerkers liegt.

Auch hier gibt es verschiedene Möglichkeiten. Die einfachste ist wohl die, daß mit dem Trennjäger zurechtgeschnittene Schamotteplatten auf der einen Seite auf die Töpfe der Nischenkacheln beziehungsweise auf die Kästen der Blattkacheln gesetzt und am anderen Ende auf Backsteinen gelagert werden.

Da diese Platten neben der Ofentür den einzigen Zugang zum Innenraum darstellen, sollten sie nicht mit Schamottemörtel abgedichtet werden. Vielmehr sind die Bereiche der Auflage und die Trennfugen zwischen den Platten mit Lehm zu verschmieren. Dieser Vorgang ist mehrmals zu wiederholen, weil der Ton während des Trocknens einem Schwund ausgesetzt ist, und zwar im Abstand von einigen Tagen. Wenn einmal eine Kachel ausgewechselt oder das Zugsystem des Ofens geändert werden soll, läßt sich die Abdeckung mit einem scharfen Gegenstand leicht aus der Dichtmasse herauslösen. An einer Platte sollte ein Griff oder Haken angebracht werden, indem man ein Loch durch die Platte bohrt und den Griff anschraubt. Die erste Platte kann so problemlos gelöst werden, die anderen Platten sind dann direkt greifbar.
Besonders reizvoll wirkt das Aufmauern einer Kuppel, in die zur Verzierung Topfkacheln eingesetzt werden können. Da diese Technik großes Können abverlangt, empfiehlt es sich, einen Fachmann damit zu betrauen. Sollte sich der Leser für einen Ofen mit einem giebelartigen Aufbau entschieden haben, so kann er als Abdeckung durchaus Ofenkacheln verwenden, die dann die Schräge ausmachen. Ihnen ist in diesem Falle die Stabilität genommen, so daß zwischen den Reihen der Schräglage Metallstäbe als tragende Elemente einzusetzen sind.
Bei der Verwendung von Topf- und Schüsselkacheln mit rundem Rand, die versetzt angeordnet werden, empfiehlt sich gleichfalls eine Plattenabdeckung.

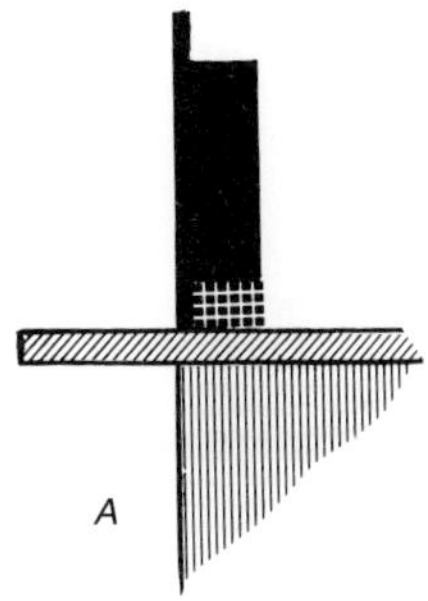

A

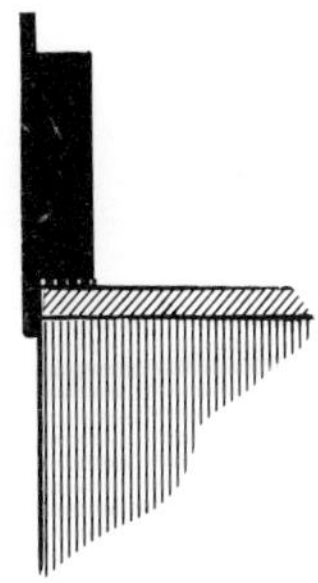

B

Das Setzen des Ofens

Nach den vorbereitenden Arbeiten, die in erster Linie die Planung, den Bau des Sockels und den Einbau der Ofentür umfassen, kommen wir zur eigentlichen Arbeit, zum Setzen.
An Werkzeug werden Hammer, Lot, Schnüre, kleine hölzerne Keile, eine Maurerkelle, Wasserwaage, ein Schwamm und eine Menge alter Dachpfannen oder Schamottesteine benötigt. Anstelle von Kalk oder Zement benötigt der Ofensetzer sogenannten Schamottemörtel, den er im Verhältnis 1:1 mit scharfem Sand vermischt und zum Mauern mit Wasser ansetzt. Für einen Ofen

115 und 116 Möglichkeiten des Kachelsetzens. A bei vorstehender Grundplatte, B zumeist bei Sockeln mit Putz. C: Setzen auf Flucht (Längsstreifen = Sockel, Schrägstreifen = Grundplatte, kariert = Schamottierung, schwarz = Kachel).

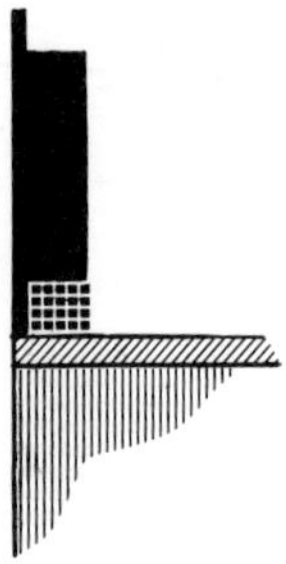

c

mittlerer Größe dürfte schon ein ganzer Sack Schamottemörtel nötig sein.
Vor dem eigentlichen Setzen legt sich der Ofenbauer die Kacheln nach seinem Schema zurecht. Das hat den Vorteil, daß er sich ganz auf das Mauern konzentrieren kann und nicht erst die Kacheln zusammensuchen muß.
Das Setzen der Kacheln erfordert größte Sorgfalt, denn die erste Reihe, die unterste, entscheidet über Sitz und Aussehen des gesamten Kachelverbandes. Gerät bereits diese Reihe aus dem Lot, so ist es fast schon um den Ofen geschehen.
Nischenkacheln werden mit dem Topf auf die äußere Kante aufgesetzt. Blattkacheln mit dem Kasten, so daß das Blatt in jedem Fall über den Sockel ragt. Die einheitliche Höhe der Reihe wird durch die Dosierung des unter den Topf oder Kasten gepackten Schamottemörtels erreicht. Bei größeren Abständen ist ein Dachziegelscherben dazwischenzusetzen.
Der Ofenbauer fängt mit seiner Arbeit am besten an der Stirnseite des Ofens an. Er setzt zunächst die beiden an die Ecken stoßenden Kacheln rechts und links, so daß zwischen ihnen eine Schnur gespannt werden kann, an der alle anderen Kacheln ausgerichtet werden.
Nach dem Setzen von zwei aneinanderliegenden Kacheln werden die Füllräume zwischen ihren Töpfen oder Kästen mit Schamottemörtel gefüllt, der mit Ziegelbruch versetzt ist. Dabei muß man besonders darauf achten, daß diese Arbeit die Kachel nicht wieder aus dem Lot bringt. Deshalb muß der Scherben möglichst wenig angedrückt, sondern vielmehr durch eine Art Rüttelbewegung in vertikaler Richtung langsam in die Masse eingeschoben werden. Laufende Kontrolle mit einer Wasserwaage ist bei der ganzen Arbeit notwendig; kleine Keile helfen dabei, die Kacheln in der Waagerechten zu halten.
Der aus den Fugen quellende Schamottemörtel wird an der Stirnseite der Kachel mit einem nassen Schwamm wieder abgewischt.
Nach der ersten vorderen Reihe werden die Seiten gesetzt. Aus Stabilitätsgründen kann das sich an die Stirnseite anschließende Voll- oder Halbformat schon vorher gesetzt werden. Den Raum zwischen Kacheln und Wand füllt man gleichfalls mit Schamottemörtel auf.

117

118

117 Anfangsphase des Ofensetzens.

118 Vorbereitung zum Setzen der zweiten Kachel: Anhäufung von Schamottemörtel und Unterstützung mit Keramikscherben für den Topf.

119 Schamottieren oder Füllen des Bereiches zwischen den Töpfen mit Schamottemörtel und Ziegelscherben. Hier ist das Halbformat aus Stabilitätsgründen bereits auf die Ecke gesetzt.

120 Andrücken und Nivellieren der Höhe.

121 »Einrütteln« von Ziegelscherben (a) in don Schamottemörtel zwischen den Kacheltöpfen. Kleine Holzkeile (b) garantieren den lotrechten Sitz der Kacheln bis zum Abbinden.

122 Einloten jeder neu gesetzten Kachel.

119

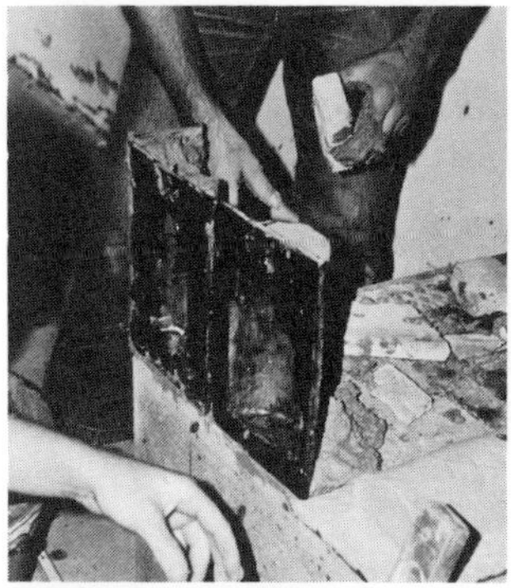

120

121

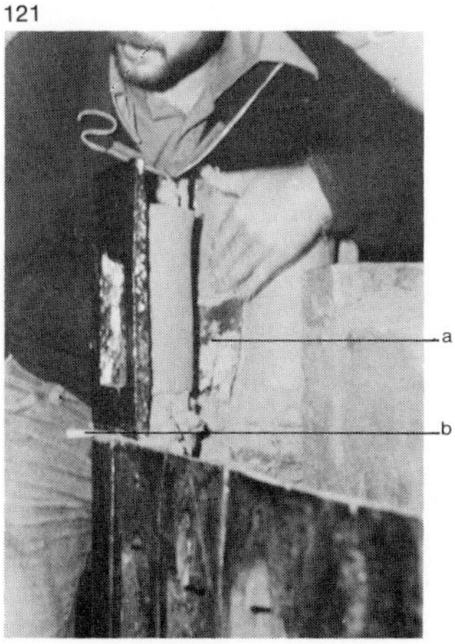

122

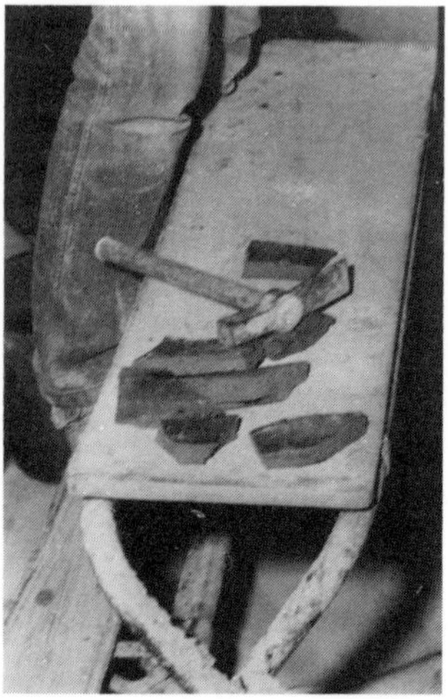

123 Bruchstücke von Schamotteziegeln und Maurerhammer zum Zerkleinern.

124 Musterofen in Seiten- . . .

125 . . . und Frontansicht vor dem Setzen der obersten Kachelreihe mit Abdeckung.

Wie die zweite und jede folgende Reihe gesetzt wird, richtet sich nach dem Bauplan des Ofens. Dabei ist der Zwischenraum zwischen den Töpfen durch Schamottesteine oder durch Ziegelbruch in genannter Weise zu füllen, wobei die Stücke mit dem Hammer zurechtgeschlagen werden können. Durch leichtes Anhämmern können dabei Sprunglinien vorgezeichnet werden, so daß auf diese Art passende Stücke entstehen.

Spätestens nach jeweils zwei Reihen sollte das Setzen für einige Tage unterbrochen werden, damit das Gemisch abbinden kann.

Mit der zweiten Reihe muß auch schon das Gestell für die Auflage der Zwischenplatten für die Luftführung gemauert werden, denn später läßt sich das Gestell möglicherweise nicht mehr einsetzen, weil man nicht an die Basis herankommt.

Der Aufsatzofen

Abweichend von den bisher geschilderten Arbeitsgängen bei Planung und Ausführung muß beim Aufsatzofen verfahren werden. Denn er besteht aus zwei unterschiedlichen Komponenten, aus dem Feuerkasten und dem Kachelaufbau. Der Feuerkasten besteht aus drei gußeisernen Platten, einem Boden und einer Deckplatte, die miteinander verschraubt werden. Die Ofenplatte und die zur Montage gehörenden Teile sind über Kunstgießereien zu erhalten, von denen die Buderus'sche Kunstgießerei in Hirzenhain im Vogelsberg wohl die bekannteste ist. Ofenplatten im Stile des 16. bis 18. Jahrhunderts gibt es dort im Angebot, und auch das Problem mit der Ofentür läßt sich mit geeigneten Produkten lösen.

Zunächst muß der gußeiserne Feuerkasten aufgebaut werden, der mit einer Seite in eine Wand eingelassen, vorn aber auf einen Ofenstein oder auf zwei Füße gestellt wird.

Dann erst beginnt das Setzen der keramischen Bestandteile. Zuvor hatten wir uns auch hierfür einen Bauplan angefertigt, aus dem die Verteilung der Kacheln ersichtlich wird. Dabei zeigt es sich, daß der Aufsatzofen eigentlich nur ein Stück Schornstein außerhalb des eigentlichen Schlotes ist. Ihn können wir bei Verwendung von Ofenkacheln direkt an die Wand mit dem Schornstein anlehnen oder aber frei auf den Feuerkasten stellen. Bei freier Lage bedarf es aber noch eines Stückes Ofenrohr zwischen Keramikaufsatz und Schornstein.

Da bei diesem Ofentyp der eigentliche Kachelofen nicht gerade groß ist und somit von geringerer Heiz- und Speicherleistung, kann abweichend zu dem inneren Kasten ein anderes Zugsystem gewählt werden, bei dem zwei oder mehr hohe Schamotteplatten senkrecht einzusetzen sind. Diese Platten besitzen einmal oben und unten einen Durchlaß für den Rauch und leiten ihn erst durch einen »Siphon« in den Schornstein. Alternativ können diese durch eine entsprechende Mauerung ersetzt werden.

Die Inbetriebnahme

Nach dem Setzen des Ofens und dem Versteichen der Fugen kann der Kachelofen nicht sofort beheizt werden. Erst nach einer Durchtrocknungszeit von ungefähr zehn

Tagen ist er allmählich an die Arbeitstemperatur zu gewöhnen.
Um sicher zu gehen, daß der Ofen auch dicht ist, macht man das Schornsteinloch zu und verbrennt etwas Zeitungspapier. Tritt nun an irgendeiner Stelle zwischen den Kacheln Qualm heraus, so muß dort nochmals von innen Lehm oder Schamottemörtel verstrichen werden.
Selbst nach dieser Probe sollte man den Kachelofen nicht sofort mit Buchenscheiten füllen, sondern ihn erst langsam über mehrere Tage mit etwas Papier, dann mit geringen Mengen Stroh, Astholz bis hin zu großen Holzstücken an seine Arbeitstemperatur gewöhnen; er wird es Ihnen danken.

Reparatur und Reinigung

Die einzigen Reparaturen, die auftreten können, bestehen darin, daß mit der Zeit Kacheln durch Spannungen reißen oder daß die Schamottierung undicht wird. Im letzten Fall hilft ein Verstreichen der entsprechenden Stelle mit Lehm oder Schamottemörtel. Eine gerissene Kachel hingegen muß durch eine neue ausgetauscht werden. Hier wird man für eingehaltene Normierung belohnt. Die alte Kachel wird an den Fugen mit flachen, scharfen Geräten freigelegt und herausgenommen. Manchmal kommt man nicht um eine völlige Zerstörung der Kachel herum. In die sauber präparierte Lücke wird dann die neue Kachel eingesetzt, wobei so wie beim Ofensetzen vorzugehen ist. Das Einreißen des gesamten Kachelverbandes bis hin zur defekten Stelle ist daher nicht nötig.
Die Reinigung des Ofens, in erster Linie ein Entrußen, macht keine größeren Probleme. Zu diesem Zweck hebt der Ofenbauer die oben aufliegenden Abdeckplatten ab. Von hier aus kann er dann die Luftführung an den Seiten und den waagerechten Kanal zum Schornstein mit einer Bürste auskehren.
Diese Arbeit kann auch durch ein Ausbrennen ersetzt werden. Dafür sollte man sich aber der fachlichen Anleitung eines Schornsteinfegers bedienen.

126 Musterofen nach Fertigstellung mit Holzbank.

Nach wieviel Betriebsstunden eine Reinigung erfolgen soll, kann nicht vorausgesagt werden, weil dabei zu viele Einzelfaktoren eine Rolle spielen.

Alternativen

127 *Kachel mit eingelegten Pflanzenteilen. Unten: Nach Entfernen der Blätter. Sofern die Konturen bei der Glasur farblich abgesetzt oder ausgelassen werden, ergibt sich ein wohlgelungenes Bild.*

Die in diesem Buch beschriebenen Möglichkeiten verstehen sich allesamt als Alternative zu den auf dem Markt befindlichen Kachelöfen. Doch gibt es zu diesen hier vorgestellten Modellen noch weitere Alternativen, und zwar für den ornamentalen Bereich, für den Ofenbau oder in Form von neuen, im Handel befindlichen Öfen.

Eigenkreationen im ornamentalen Bereich

Wem die angebotenen Designs zu schwer in ihrer Realisierung erscheinen, sollte sich mit weniger historischen, dennoch gut aussehenden Verzierungen befassen.
Bei der Blattkachel bedeutet dies konkret, daß der Heimwerker sich für florale Ornamente Blätter verschiedener Bäume, Eicheln, die Früchte des Ahorns oder anderer Gewächse zusammensucht und diese, etwas geschmackvoll sortiert, auf seine Arbeitsfläche legt. Die vom Block geschnittene Tonscheibe wird auf die Pflanzenteile gelegt und mit einem Brett im DIN-A-4-Format fest auf sie gedrückt, so daß sich die Blätter und Früchte gut in den Ton eindrücken. Anschließend führt man das Messer am Holz entlang, schneidet somit die Überhänge ab und paßt die Platte dem Standardformat an. Im nächsten Arbeitsgang wird dann der Kasten hinten in bekannter Weise angesetzt. Damit ist die Kachel fertig, sie wird nur noch hochgenommen, auf den Kasten gesetzt und von den eingedrückten Pflanzenteilen befreit.
Bei den Nischenkacheln gibt es auch eine vereinfachte Möglichkeit, bei der nur die Grundform, sei es der Giebel oder der Eselsrücken, in die Holzform geschnitten wird. Der Zwickel wird erst dann verziert, wenn die Kachel fertig ist und das Blatt vorn aufgeschnitten wurde.
Gläserne Untersetzer weisen oft geschnittene Sterne auf. Sie lassen sich wie Münzen und Medaillen als Stempel verwenden, die in den Zwickel plaziert werden, wobei gleichzeitig das Blatt mit zwei Fingern durch Unterfassen

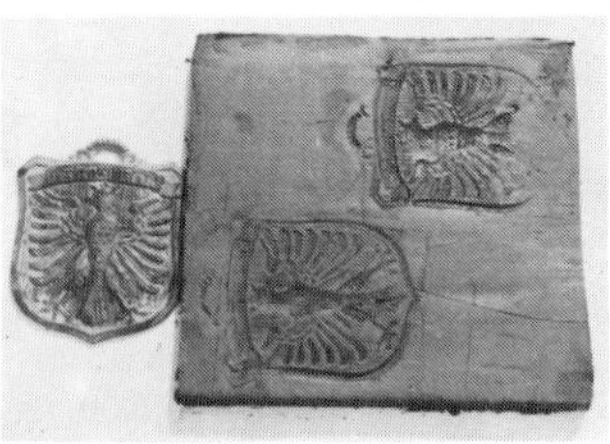

128 *Kachel mit eingelegter Plakette.*

129 Alternativofen aus Schüsseln der Kunsttöpferei H. Niehenke, auf dem Sockel eines demontierten Waschkessels.

in die Nische unterstützt wird. Auch das Schnittdekor auf Gläsern aller Art läßt sich einfach abrollen. Ein Blick in die vielen Schubladen des Haushalts fördert sicher eine ganze Reihe von brauchbaren Mustern zutage.
Besonders für die vereinfachten Verfahren eignen sich Plaketten sowie das abgebildete Wappen der Stadt Frankfurt, nur ist der Schriftzug nach Abformen zu tilgen, weil er sonst im Spiegelbild erscheint. Diese Tilgung läßt sich am besten durch Streichen mit einer Klinge vornehmen, so daß im Nachhinein der Stadtname eingeritzt werden kann. Spiegelbildlich ist immer noch das Wappentier wiedergegeben, aber das fällt nicht weiter auf.

Alternative Kacheln

Wer auch nach langer Suche keine Adresse findet, wo er seine Kacheln brennen lassen kann, braucht dennoch

130 So sieht der Fertig-Ofen aus, der von der Firma Gilne-Treppenbau in das Vertriebsprogramm aufgenommen wurde.

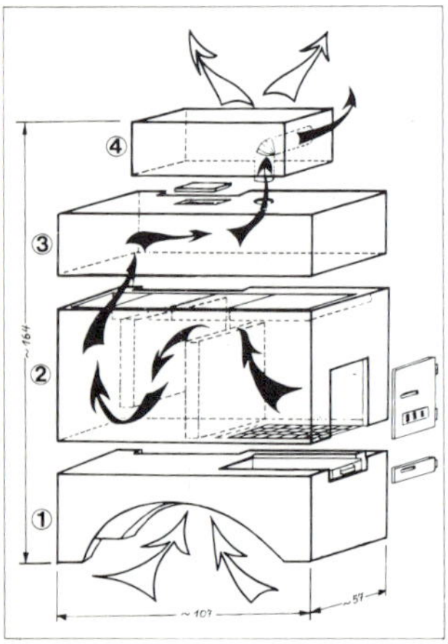

131 Diese Skizze zeigt den einfachen Aufbau des Fertig-Ofens.

nicht auf den Kachelofen zu verzichten. Zum einen gibt es die Möglichkeit, im Baumarkt, beim Heimwerkerbedarf und in spezialisierten Geschäften fertige Kacheln zu kaufen. Wem der Preis dafür zu hoch ist, findet Ersatz: Es bieten sich Blumentöpfe an, die bereits gebrannt sind. Wem die rotbraunen Töpfe zu monoton erscheinen, weil sie nicht glasiert sind, kann Tassen und Kannen nehmen, wie sie auf dem Flohmarkt angeboten werden. Allerdings sind die farblichen Gestaltungsmöglichkeiten gering, weil man meist nur die Wahl zwischen Salzglasur und bräunlich-gelben Glasuren hat.

Alternative Öfen

Wer auch in diesen beschriebenen Möglichkeiten für sich keine Alternative sieht, dem bleibt noch der Weg zum Markt, wo neuerdings Kachelöfen angeboten wer-

132 Als Modell »Bayreuth« wird dieser Kachelofen von der Firma BIC in Hamburg angeboten.

den, die aus wenigen großen Einzelstücken bestehen und nur noch zusammengesetzt zu werden brauchen. Alles andere ist vorgefertigt, und dem entsprechen natürlich auch die Preise.

Der Fertig-Ofen. Etwa 182 Zentimeter hoch ist der erste Ofentyp, der hier vorgestellt werden soll. Die Grundfläche ist 127 mal 63 Zentimeter groß. Die Kacheln sind grün oder braun. Es wird auf Wunsch eine Sitzbank mitgeliefert. Der Ofen kann beispielsweise vor einem Umzug auch wieder abgebaut werden, um ihn in der neuen Wohnung wieder aufzustellen. Das Gesamtgewicht beträgt 800 Kilogramm. Nach den Hersteller-Angaben ist der Ofen für alle festen Brennstoffe einschließlich Papier geeignet. Auch der Fertig-Ofen muß übrigens vom Schornsteinfegermeister abgenommen werden.
Der Aufbau geht folgendermaßen vor sich: Der Sockel

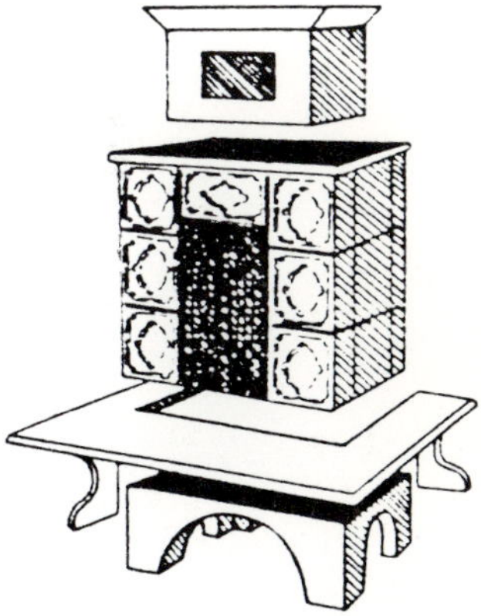

133 Nur drei große Teile und – wenn gewünscht – die Sitzbank müssen zusammengesetzt werden, um den Ofen »Bayreuth« aufzubauen.

wird an die gewünschte Stelle gesetzt. Mörtel, der natürlich vorbereitet sein muß, wird auf die Oberseite gestrichen, anschließend wird das Kernstück des Ofens aufgesetzt. Die Stellen, an denen die Einbauteile eingesetzt und mit Mörtel befestigt werden sollen, sind ebenso wie die Einbauteile selbst gleichlautend numeriert. Fugen und Oberkante werden mit Mörtel belegt, um dann – wenn die Einbauteile sauber ausgerichtet sind – das folgende Fertigteil aufzusetzen. Dieses Teil enthält auf der Oberseite die Reinigungsöffnung, die zugänglich bleibt, und das Loch für den Kaminanschluß. Verwendet wird ein handelsübliches Ofenrohr mit 16 cm Durchmesser. Der Hersteller empfiehlt, die Ableitung des Rauchgases vom Ofen bis zum Kamin möglichst kurz anzulegen. Notfalls muß eine besser passende Kaminöffnung hergestellt werden.

Den Abschluß bildet ein Oberteil, das ohne Mörtel aufgesetzt wird, um später die Reinigungsöffnung leichter zu erreichen. Die Fugen müssen natürlich ausgefüllt werden.

Nicht nur im Mörtel, auch in den Ofenteilen selbst befindet sich bei der Lieferung noch Feuchtigkeit. Daher soll der fertige Ofen zwei Wochen lang trocknen und dann mit zunächst kleiner Feuerung geheizt werden. Die Steigerung der Heiztemperatur soll allmählich erfolgen.

Ofen mit Backfach. Etwas kleiner ist das Modell »Bayreuth« eines anderen Herstellers, das in nur drei großen Teilen, auf Wunsch auch mit Sitzbank aus dunklem Fichtenholz, geliefert wird. Das Gesamtgewicht beträgt nur 204 Kilogramm. Eine Besonderheit ist ein Back- und Bratfach im Aufsatz. Statt der gußeisernen Feuertür kann auch eine Tür aus Glas eingesetzt werden. Als Farben werden Grün und Braun in je einer hellen und dunklen Variante sowie Elfenbein angeboten.

Der Ofen, 89 cm breit, 160 cm hoch und 48 cm tief, soll von der Wand 20 cm Abstand haben. Auch soll die Rückwand frei von brennbaren Materialien wie Tapeten sein, ebenso der Boden.

Nach Angaben des Herstellers ist der Ofen in kurzer Zeit aufgeheizt. Auf allen Seiten des Feuerkastens befinden sich Luftschächte, in denen sich die Luft erwärmt. Sie

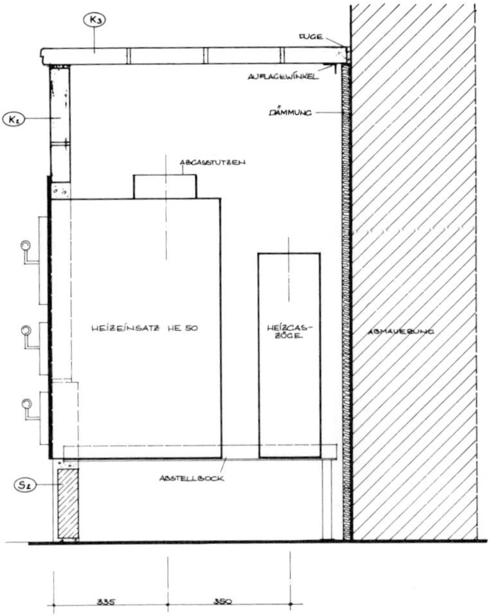

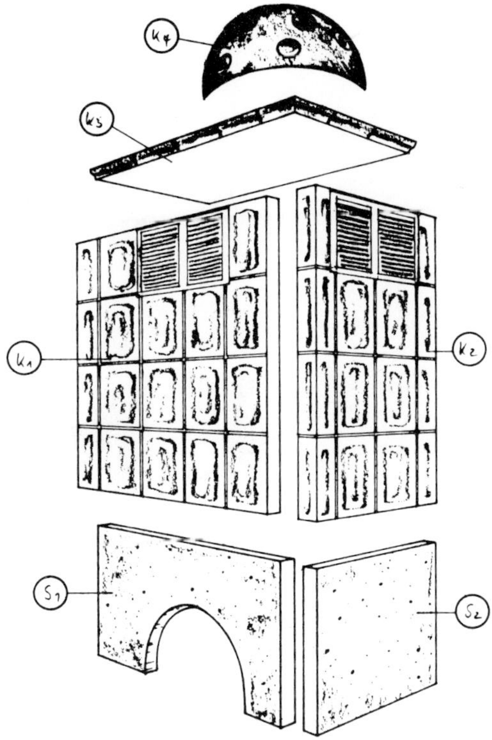

strömt oben aus und saugt damit zugleich kalte Luft von unten an. Feuer- und Aschentür sind für die Zugluftregelung mit Schiebern ausgerüstet. Das Kernstück des Ofens ist mit einer Stahlplatte abgedeckt, die den Backaufsatz heizt.

Die drei großen Einzelteile werden bei diesem Ofentyp nicht mit Mörtel verbunden. Zusätzlich können als Erleichterung für den Transport aus dem Kernstück die Abdeckplatte, Stahlteile, Schamottesteine, Roste und Feuertür entfernt werden. Das Teil wiegt dann rund 80 Kilogramm.

Ohne Mörtel geht es jedoch auch beim Aufbau dieses Ofens nicht: Der Ofenmörtel wird direkt auf die Stahlwände aufgebracht, um dann die Schamottesteine einzu-

134 Der Schnitt zeigt, daß Außenwand und Heizeinsatz beim Kago-Ofen unabhängig voneinander stehen.

135 Die einzelnen Bauteile des Kago-Ofens.

136 Ein Modell aus dem Element-Kachelofen-Lieferprogramm der Firma Kago.

setzen. Um die Höhe des Stahlrahmens im Inneren zu erreichen, wird auf die Schamottesteine Mörtel gegeben. Dann wird ein Umleitblech eingelegt. Die Dichtung zwischen Rahmen und Stahlplatte erfolgt mit einer Asbestschnur, die mit Mörtel umgeben wird. Auf den Stahlrahmen wird dann die Platte, die zugleich den Ofen nach oben abschließt, aufgeschraubt. Auch der Rahmen der Aschentür soll ausgemörtelt werden. Bis zum ersten

Feuer mit kleiner Flamme soll man bei diesem Ofen zwei bis drei Tage warten. Das Backfach wird nur aufgesetzt. Es kann auch weggelassen werden, wobei dann die Stahlplatte den oberen Abschluß des Ofens bildet. Auch die 40 Zentimeter tiefe Sitzbank ist konstruktiv nicht erforderlich und kann weggelassen werden.
Neben dem Typ Bayreuth werden weitere Modelle vom gleichen Hersteller angeboten, die sich in der Größe und Ausstattung nicht wesentlich unterscheiden. Für den Anschluß an den Schornstein wird ein Ofenrohr von 18 cm Durchmesser verlangt. Der Schornstein selbst soll einen Innendurchmesser von mindestens 16 cm aufweisen.

Flexibler Element-Ofen. Aus mehr Einzelteilen bestehen die Element-Öfen eines dritten Herstellers, die damit zugleich Varianten in der Bauweise erlauben. So können diese Öfen auch in Ecken gesetzt werden. In diesem Fall benötigt man nur zwei Kachelwände. Dafür sind diese Öfen nicht mehr ohne weiteres auseinanderzunehmen und von einer Wohnung in die andere zu versetzen.
Es ist sogar möglich, diese Öfen so aufzubauen, daß sie durch einen Mauerdurchbruch vom angrenzenden Raum aus beheizt werden können. Die Innenteile des Ofens – im wesentlichen der Heizeinsatz-Stellen praktisch einen Ofen für sich dar, sie stehen bei einigen Modellen auf einem Stahlrahmen. Einheitlich für alle Modelle ist die Höhe des Rohranschlusses für den Schornstein: Dessen Oberkante befindet sich 125 cm über dem Boden.
Beim Aufbau werden zunächst die Sockelteile (S1, S2) aufgestellt, vermörtelt und verdübelt. An den Sockelwänden werden die Winkeleisen befestigt, auf denen der Heizeinsatz später eingeschoben werden kann, oder aber der Stahlrahmen wird in gleicher Weise befestigt. Das Mauerwerk soll im Innenbereich des Ofens mit 2 cm starken Dämmplatten und Alufolie isoliert werden. Die Öfen dieses Typs stehen nicht für sich, sondern stets an einer Wand.
Die Kachelwände der Öfen können in Breiten von 66 bis 176 cm aufgebaut werden. Die Teile (K1, K2) werden mit Drähten durch »Zusammenrödeln« verbunden. Diese Drähte ragen aus den Kachelwänden heraus. Die Fugen werden mit einer Mischung aus einem Teil Feuerzement

und zwei Teilen Detoonsand ausgefüllt, wobei die Fugenbreite von 1 cm genau einzuhalten ist. Wenn gußeiserne Heizeinsätze verwendet werden, ist nach Angaben des Herstellers eine Ausmauerung mit Schamottesteinen erforderlich, die mitgeliefert werden. Der von der Firma angebotene Heizeinsatz kommt ohne Schamottesteine aus.

Die Abdeckung des Ofens, die jeweils für die verschiedenen Grundriß-Typen passend mitgeliefert wird, muß aufgesetzt und dann vermörtelt werden. Sie soll an drei Stellen aufliegen. Bei Modellen, die in einer Zimmerecke stehen, muß folglich ein Winkeleisen an der Wand befestigt werden. Über dem Ofen kann in der Art eines Kamins eine Schräge angelegt werden, wobei sich Gasbetonplatten wegen ihres relativ geringen Gewichts eignen. Sie lassen sich anschließend verputzen. Der Sockel kann verputzt oder gestrichen werden.

Die Heizeinsätze mit Ofenrohr-Anschluß und Heizgas-Zügen, auf Wunsch auch mit einem Nachheizkasten, haben einheitlich einen Abstand von 23 cm zum Fußboden. Einheitlich ist auch das Maß für das Ofenrohr (16 cm), das der Hersteller ebenso anbietet wie Ziertüren, Warmhaltefächer, Fugenmasse, Mörtel, Lüftungsgitter und verschiedene Kachelformen.

Zur Auswahl stehen 18 verschiedene rechteckige Grundrisse, außerdem drei Grundrisse für Zimmerecken mit oder ohne Schornsteinvorsprung, deren Vorderwand in Form eines Viertelkreises ausgeführt ist. Sitzbänke sind aufgrund des Konstruktionsprinzips nicht vorgesehen. Wohl aber kann die Deckplatte als Abstellfläche für dekorative Einrichtungsgegenstände genutzt werden. Die Bögen des Sockels lassen Platz für die Lagerung von Brennmaterial. Für die Gestaltung bietet dieses Ofen-Programm einigen Spielraum, wobei zugleich auch Grundriß-Probleme gelöst werden können. So lassen sich Entfernungen zwischen dem gewünschten Standort und dem Schornstein überbrücken oder kaschieren, vorspringende Schornsteinwände im Zimmer lassen sich in den Kachelofen integrieren, und sogar an einer vorspringenden Zimmerecke läßt sich dieser Ofentyp anbauen.

Wissenswertes und Vorschriften für den Bau

Materialliste

Die angegebenen Mengen stellen Mittelwerte dar, die je nach Größe des Kachelofens variieren.

Material/Bauteil	Menge/Anzahl
Ton	80 kg
Backsteine für den Sockel	40 (oder entsprechende Anzahl von Bruchsteinen, auch andere Baustoffe von äquivalenter Größe)
Schamottesteine für die Brennkammer	10 bis 40 (je nach Gestalt der Brennkammer)
Schamottemörtel	2 Säcke zu 50 kg
Sand	60 kg
Ofentür	1
Glasur	3 kg Fertigglasur (oder 3 kg Rohglasur und 300 g gemahlene Metalloxide)
Keramikflansch für den Schornstein	1 Stück
Schamotteplatten, etwa 4 cm stark	in 3- bis 4facher Größe des Sockels (alternativ Gußeisenplatten)

Weiteres Material

Steinplatte als Sockelabschluß (alternativ Sand, Zement und Baustahlgewebe zum Betonieren der Platte)

Holzplatte für Model von mindestens 30 × 30 cm (Linde, Pappel)

Ziegelbruch zum Schamottieren

Bauholz für die Ofenbank
Wasser zum Ansetzen der Mischungen

Gußeiserner Feuerkasten bei einem Aufsatzofen

Zusammenstellung der Hilfsmittel

Alle Hilfsmittel sind im Text erwähnt. Für die Kachelherstellung werden außerdem benötigt:

1 Ziehdraht
1 Stichsäge
1 Spachtel
1 Küchenmesser
2 mindestens 30 × 30 cm große, etwa 0,4 cm dicke Sperrholz- oder Hartfaserplattenabschnitte für Schablonen

diverse Bogen Papier
Kohlepapier
1 Bleistift
1 Gabel
Sackleinen

für Nischenkacheln (zusätzlich):
Schneidemesser
Graphit
Sandpapier
Nägel nach Bedarf
Hammer

für Blattkacheln (zusätzlich):
Schneidemesser (nur bei Kacheln in »Tapetenart«)
Sandpapier
Modellierhölzer

zum Glasieren:
diverse Behälter zum Ansetzen der Glasurmischung
1 Pinsel

für den Überschlagofen:
Holzkasten
Holzleisten
Gips

zum Brennen:
Stapelhilfen verschiedener Größen aus Schamotte

zum Ofenbau:
Wanne zum Ansetzen des Schamottemörtels

1 Maurerkelle	1 Trennjäger nach Bedarf
1 Lot	Schrauben und Muttern zum Befestigen der Ofentür nach Bedarf
1 Wasserwaage	
Maurerschnüre	
1 Hammer	Stemmwerkzeug für den Wanddurchbruch
1 Schwamm	

Ofenrohre nach Bedarf, Steinwolle oder anderes Dämmmaterial nach Bedarf.

Baupolizeiliche Vorschriften

Baupolizeiliche Vorschriften sind vor allem in den Bauordnungen der Länder und deren Ausführungsbestimmungen enthalten. Die Bauordnung (BauO) von Nordrhein-Westfalen in der derzeit gültigen Fassung soll hier stellvertretend auszugsweise genannt sein; bedeutende Unterschiede gibt es zwischen den Gesetzen der einzelnen Bundesländer nicht.

Die wichtigsten Bestimmungen sind im Unterabschnitt 6 der BauO über Feuerungsanlagen enthalten:

§ 45 (1) Feuerstätten, Verbindungsstücke und Schornsteine (Feuerungsanlagen) müssen betriebssicher und brandsicher sein; die zugehörigen Brennstoffbehälter müssen außerdem lecksicher sein . . .

(2) Für die Anlagen zur Verteilung von Wärme . . . gilt Absatz 1 sinngemäß.

(4) Hochhäuser dürfen Stockwerksheizungen und Einzelfeuerstätten weder für feste noch für flüssige Brennstoffe haben . . .

Hierzu führt die Feuerverordnung (FeuVO) im § 4 folgendes aus:

(1) Feuerstätten einschließlich ihrer Feuerungseinrichtungen, wie Brenner, sowie Verbindungsstücke und Schornsteine müssen so aufeinander abgestimmt sein, daß Gefahren oder unzumutbare Belästigungen nicht entstehen.

(2) Feuerstätten einschließlich ihrer Feuerungsein-

richtungen, wie Brenner, sowie Sicherheitseinrichtungen müssen der Bauart und den Baustoffen nach so beschaffen sein, daß sie den beim bestimmungsgemäßen Betrieb auftretenden Beanspruchungen standhalten, die Feuerungsanlagen sowie Wärmeträger sich nicht gefährlich erwärmen können . . ., Verbrennungsgase nicht in gefahrdrohender Menge in den Aufstellraum gelangen können.

(6) Feuerstätten einschließlich ihrer Feuerungseinrichtungen, wie Brenner, sowie Sicherheitseinrichtungen gelten als betriebssicher und beschaffen nach Absatz 2, wenn sie das Verbandszeichen DIN, DIN-DVGW oder DVGW mit Registrierungsnummer, Registernummer oder Baumuster-Kennzeichen tragen und nach Maßgabe der Aufstellungs- und Einbauanleitung des Herstellers verwendet werden . . .

(7) Drosselvorrichtungen sind nur in Rauchgasstutzen oder Verbindungsstücken von Feuerstätten für feste oder flüssige Brennstoffe mit Feuerungseinrichtungen ohne Gebläse zulässig. Sie müssen im oberen Teil Öffnungen haben, die in zusammenhängender Fläche nicht weniger als 20 v.H. der Querschnittsfläche, mindestens aber 20 cm^2 groß sind. Drosselvorrichtungen dürfen die Prüfung und Reinigung der Schornsteine nicht behindern. Die Stellung der Drosselvorrichtung muß an der Einstellung des Bedienungsgriffes erkennbar sein.

(8) Zugbegrenzer an Feuerstätten, in Verbindungsstücken oder an Schornsteinen sind zulässig, wenn sichergestellt ist, daß

1. die einwandfreie Ableitung der Rauch- oder Abgase sämtlicher angeschlossener Feuerstätten nicht beeinträchtigt wird,
2. die Rauch- oder Abgase bei Stau oder Rückstrom nicht austreten können und
3. die Prüfung und Reinigung der Verbindungsstücke und Schornsteine nicht behindert werden.

§ 46 der BauO befaßt sich mit den Feuerstätten und den Heizräumen.

(1) Feuerstätten müssen aus nichtbrennbaren Baustoffen bestehen.

(2) Feuerstätten für feste oder flüssige Brennstoffe dürfen nur in Räumen aufgestellt oder errichtet werden, bei denen nach Lage, Größe, baulicher Beschaffenheit und Benutzungsart Gefahren nicht bestehen.

(3) Bauteile aus brennbaren Baustoffen müssen von Feuerstätten so weit entfernt oder so geschützt sein, daß keine Brandgefahr entsteht.

(4) Die Verbrennungsgase (Rauch) sind durch Verbindungsstücke (§ 47) innerhalb desselben Geschosses in Rauchschornsteine zu leiten.

Dazu § 5 der FeuVO:

(2) Der Aufstellraum muß so bemessen sein, daß die Feuerstätten und Verbindungsstücke ordnungsgemäß bedient und gewertet werden können; insbesondere muß zur leichten Reinigung und Instandhaltung ausreichend freier Raum vorhanden sein.

(3) Feuerstätten für feste oder flüssige Brennstoffe dürfen nicht aufgestellt werden in

1. Allgemein zugänglichen Fluren, die als Rettungswege dienen, und in Treppenräumen,
2. Einbaumöbeln.

(5) Feuerstätten für feste oder flüssige Brennstoffe müssen nach den Seiten und nach oben folgende Mindestabstände von Bauteilen mit brennbaren Baustoffen oder brennbaren Bestandteilen und von Einbaumöbeln einhalten:

1. Feuerstätten, deren Bauart sicherstellt, daß bei Nennwärmeleistung an einem 20 cm entfernten Bauteil keine höheren Temperaturen als 85°C auftreten können 20 cm,
2. Feuerstätten anderer Bauart 40 cm. Diese Abstände dürfen um die Hälfte verringert werden, wenn ein von beiden Seiten belüfteter Schutz gegen Wärmestrahlung vorhanden ist.

Ein größerer Abstand als nach Satz 1 Nr. 2 kann verlangt werden, wenn Gründe des Brandschutzes, insbesondere wegen der Oberflächentemperatur, ihn erfordern. Bei häuslichen Feuerstätten oder gleichartigen anderen Feuerstätten, die entsprechend § 4 Abs. 6 gekennzeichnet sind und verwendet werden, gilt die Anforderung an die Bauart nach Satz 1 Nr. 1 als erfüllt.

(6) Eiserne Feuerstätten für feste Brennstoffe ohne Schamottefütterung und offene Feuerstätten dürfen in Baracken nicht aufgestellt werden. Ausnahmen können gestattet werden, wenn der Brandschutz durch geeignete Maßnahmen sichergestellt ist.

(7) Fußböden aus brennbaren Baustoffen sind unter Feuerstätten für feste oder flüssige Brennstoffe und vor den Feuerungsöffnungen von Feuerstätten für feste Brennstoffe durch geeignete nichtbrennbare Baustoffe, wie Betonplatten, Kacheln, Fliesen, Steine oder Blech, zu schützen. Dies gilt nicht, soweit durch die Bauart der Feuerstätten sichergestellt ist, daß der Fußboden durch herausfallende Glut oder durch strahlende Wärme nicht entflammt werden kann; bei häuslichen Feuerstätten oder gleichartigen anderen Feuerstätten, die entsprechend § 4 Abs. 6 gekennzeichnet sind und verwendet werden, ist ein Fußbodenschutz unter der Feuerstätte nicht erforderlich.

(8) Feuerstätten, die die Verbrennungsluft dem Aufstellraum entnehmen, dürfen nicht in Räumen oder Wohnungen aufgestellt werden, aus denen Lüftungsanlagen oder Warmluftheizungsanlagen Luft absaugen, es sei denn, die Anlagen entsprechen den Lüftungsanlagen von Heizräumen oder wälzen nur Luft innerhalb des Aufstellraums um. Ausnahmen können gestattet werden, wenn ein gefahrloser Betrieb gesichert ist.

§ 47 BauO regelt die Beschaffenheit von Verbindungsstücken und Zügen:

(1) Rauchrohre, Rauchkanäle (Füchse) und Rauchfänge von Feuerstätten für feste oder flüssige Brennstoffe (Verbindungsstücke) sind so anzuordnen und herzustellen, daß der Rauch einwandfrei abziehen kann.

(2) Die Verbindungsstücke müssen einen ausreichenden Querschnitt haben, aus form- und hitzebeständigen, nichtbrennbaren Baustoffen bestehen und einschließlich der Anschlüsse dicht sein. Für Rauchkanäle (Füchse) gilt § 48 Abs. 5 entsprechend.

(3) Bauteile aus brennbaren Baustoffen müssen von Verbindungsstücken so weit entfernt oder so geschützt sein, daß keine Brandgefahr entsteht.

(4) Die Verbindungsstücke müssen leicht zu reinigen sein. Reinigungsöffnungen müssen hitzebeständige, dichte Verschlüsse erhalten.

§ 6 FeuVO führt dazu aus:

(1) Jede Feuerstätte muß ein eigenes Verbindungsstück haben; Ausnahmen können gestattet werden, wenn Bedenken wegen der Betriebssicherheit nicht bestehen. Rauchrohre und Rauchkanäle sollen zum Schornstein hin ansteigen. Rauchrohre, die nicht ausreichend wärmedämmend sind, sollen nicht länger als 2 m sein. Rauchrohre sind, soweit erforderlich, durch Halter aus nichtbrennbaren, gegen Wärmebeanspruchung widerstandsfähigen Baustoffen zu unterstützen.

(2) Der lichte Querschnitt des Rauchrohres und des Rauchkanals muß dem des Rohrstutzens der Feuerstätte entsprechen; Querschnittsänderungen sind bei Rauchrohren und Rauchkanälen zulässig, soweit dies zur Anpassung an den Schornsteinquerschnitt erforderlich ist.

(3) Rauchrohre aus Stahl, Kupfer oder Messing für Feuerstätten mit einer Nennwärmeleistung bis zu 50 kW müssen eine Wanddicke von mindestens 0,75 mm haben. Für Feuerstätten mit einer Nennwärmeleistung von mehr als 50 kW oder mit einer Rauchgastemperatur am Stutzen von mehr als 400° C dürfen nur Rauchrohre aus Stahl

mit einer Wanddicke von mindestens 2 mm – sofern das Rauchrohr aus verzinktem Stahlblech besteht, von mindestens 1,5 mm – verwendet werden. Für Rauchrohre anderer Bauart oder aus anderen Baustoffen ist die Brauchbarkeit im Sinne des § 3 Abs. 1 BauO NW nachzuweisen; § 23 Abs. 3 BauO NW bleibt unberührt.

(4) Rauchrohre, die durch unbeheizte Räume führen, sind gegen Wärmeverlust zu schützen. In feuchten Räumen müssen Rauchrohre gegen Korrosion geschützt sein oder aus korrosionsbeständigen Baustoffen bestehen.

(5) Rauchrohre von häuslichen Feuerstätten und von anderen gleichartigen Feuerstätten müssen folgende Mindestabstände haben:

1. von feuerhemmenden Bauteilen mit brennbaren Baustoffen sowie von Türbekleidungen und ähnlichen untergeordneten Bauteilen aus brennbaren Baustoffen 20 cm,
2. von anderen Bauteilen mit brennbaren Baustoffen 40 cm. Die Abstände dürfen bis zur Hälfte verringert werden, wenn ein von beiden Seiten belüfteter Schutz gegen Wärmestrahlung vorhanden ist, die Abstände dürfen auf ein Viertel verringert werden, wenn die Rauchrohre mit nicht brennbaren Dämmstoffen ummantelt sind.

(6) Führen Rauchrohre durch Bauteile aus brennbaren Baustoffen, so sind die Bauteile in einem Umkreis von 20 cm aus nichtbrennbaren, formbeständigen Baustoffen geringer Wärmeleitfähigkeit herzustellen; in mehrschaligen Wänden sind die Zwischenräume zwischen den Schalen im Bereich der Rohre mit nichtbrennbaren, formbeständigen Baustoffen zu schließen. Rauchrohre dürfen durch Zwischendecken oder sonstige unzugängliche Hohlräume sowie durch Einbaumöbel nicht geführt werden.

(7) Rauchrohre in Räumen, in denen leicht entzündliche oder explosionsfähige Stoffe hergestellt, verarbeitet oder gelagert werden, oder in denen solche Stoffe entstehen können, sind durch ge-

eignete Vorkehrungen so zu sichern, daß die Stoffe sich weder entzünden noch explodieren können.

(8) Für Rauchkanäle gelten die Vorschriften über Rauchschornsteine sinngemäß.

Abschließend sei noch auf § 7 FeuVO in Bezug auf Schornsteine hingewiesen:

(3) An einen eigenen Rauchschornstein ist anzuschließen.

3. jede Feuerstätte mit geschlossener Verbrennungskammer.
4. Abweichend von Absatz 3 Satz 1 Nrn. 1 und 6 dürfen höchstens zwei Kachelöfen für Mehrraum-Luftheizungen mit einer Gesamtnennwärmeleistung bis zu 24 kW an einen Rauchschornstein angeschlossen werden; dies gilt nicht für Kachelöfen im obersten Vollgeschoß.

Wichtiger Hinweis

Nur ein Teil der in diesem Buch angebotenen Anleitungen, Hinweise oder Bauvorgänge konnte in der Praxis nachvollzogen werden. Aus diesem Grunde werden Schäden und Haftungsansprüche jeglicher Art, die sich aus der praktischen Anwendung des hier Gebotenen ergeben sollten, ausgeschlossen. Im Zweifelsfall berät Sie sicherlich der Bezirksschornsteinfeger gern.

Dankeschön

Mit besonderem Dank an Margarethe und Birga Demel, Gerlinde Korittke, Martin Kosel, Gisela Schmöe, Josef Treffler, Annemarie Wiedman und Wilhelm Vahlsing, die tatkräftig beim Aufbau des in diesem Buch gezeigten Musterofens mithalfen und so auch zum Inhalt dieses Buches beitrugen.

Der Verfasser

Stichwortregister

Bildnachweis

Titelbild: Klaus Dudda, 5060 Bergisch-Gladbach 2

BIC GmbH, 2000 Hamburg 26, Abb. 132, 133
Gilne-Treppenbau, 4532 Mettingen-Schlickelde, Abb. 130, 131
Kago GmbH & Co., 8431 Postbauer bei Neumarkt, Abb. 134 bis 136
Erich Koßmann, 4950 Minden, Abb. 42 bis 47, 73 bis 75
Mindener Museum, 4950 Minden, Abb. 1
Museum Hameln, 3250 Hameln, Abb. 14
Sammlung nassauischer Altertümer, 6200 Wiesbaden, Abb. 13
Schweizerisches Landesmuseum, CH 8000 Zürich, Abb. 9, 11

Alle übrigen Abbildungen und Zeichnungen stammen vom Verfasser.